Jörg Birmelin | Christian Hupfer

Elementare Numerik für Techniker

T0223055

Jörg Birmelin | Christian Hupfer

Elementare Numerik für Techniker

Datenanalyse und Modellbildung – Programmierung mit C und Grafikprogrammierung mit GNUPLOT

STUDIUM

VIEWEG+ TEUBNER

Bibliografische Information der Deutschen Nationalbibliothek
Die Deutsche Nationalbibliothek verzeichnet diese Publikation in der
Deutschen Nationalbibliografie; detaillierte bibliografische Daten sind im Internet über
<http://dnb.d-nb.de> abrufbar.

Das in diesem Werk enthaltene Programm-Material ist mit keiner Verpflichtung oder Garantie irgendeiner Art verbunden. Der Autor übernimmt infolgedessen keine Verantwortung und wird keine daraus
folgende oder sonstige Haftung übernehmen, die auf irgendeine Art aus der Benutzung dieses
Programm-Materials oder Teilen davon entsteht.

Höchste inhaltliche und technische Qualität unserer Produkte ist unser Ziel. Bei der Produktion und
Auslieferung unserer Bücher wollen wir die Umwelt schonen: Dieses Buch ist auf säurefreiem und
chlorfrei gebleichtem Papier gedruckt. Die Einschweißfolie besteht aus Polyäthylen und damit aus
organischen Grundstoffen, die weder bei der Herstellung noch bei der Verbrennung Schadstoffe frei-
setzen.

1. Auflage 2008

Alle Rechte vorbehalten
© Vieweg+Teubner | GWV Fachverlage GmbH, Wiesbaden 2008

Lektorat: Reinhard Dapper | Andrea Broßler

Vieweg+Teubner ist Teil der Fachverlagsgruppe Springer Science+Business Media.
www.viewegteubner.de

Umschlaggestaltung: KünkelLopka Medienentwicklung, Heidelberg
Druck und buchbinderische Verarbeitung: MercedesDruck, Berlin
Gedruckt auf säurefreiem und chlorfrei gebleichtem Papier.

ISBN 978-3-8348-0603-1

Vorwort

Dieses Buch hat die Verbindung von Begriffen und Methoden der angewandten Informatik und Mathematik zum Inhalt.

Es werden einige den Zugang zu einem technologischen Studium erleichternde Techniken und Wissenszusammenhänge entwickelt. In der Darstellung wird Einfachheit und Klarheit angestrebt. Insbesondere wird die Entwicklung des mathematischen Rüstzeugs von allzu wissenschaftlicher Darstellung entrümpelt. Numerische Betrachtungen führen ohne verwirrende Abstraktion zu den gewünschten Ergebnissen. Das Erarbeiten des Stoffes mit Hilfe des Computers soll den Lehrervortrag auf ein Minimum reduzieren. Ergänzendes Fachwissen kann durch Schülervortrag präsentiert werden. Gewicht erhält die mathematische Modellbildung. Es wird nicht der Versuch unternommen, für die gewählten digitalen Werkzeuge so etwas wie Kurzbeschreibungen zu liefern. Das alles findet der aktive Leser im Internet.

Alle numerischen Berechnungen werden in *C* programmiert; zur Datenvisualisierung wird *GNUPLOT* verwendet. Beide Werkzeuge stehen kostenlos im Internet zur Verfügung. Die in diesem Buch aufgeführten Quelltexte besitzen keine Universalität im Sinne eines professionellen Programmcodes, sondern sind bewußt einfach gehalten, um die gewünschten Daten zu produzieren. Vertiefte Programmierkenntnisse werden nicht vorausgesetzt. Der Umgang mit dem rasch überschaubaren Sprachumfang und der Syntax der Programmiersprache *C*, sowie die Bedienung des Programmes *GNUPLOT* müssen allerdings geübt werden. Dieses Buch soll kein Lehrbuch im herkömmlichen Sinne sein. Vielmehr soll es anregen, Gesetzmäßigkeiten der Mathematik und angewandten Informatik *nach-zu-Gestalten*. Denn bekanntlich lernt man Mathematik, wenn man sie betreibt. Die reine Anschauung einer Berechnung fördert nicht das Rechenvermögen, das pure Nachrechnen wird von begabten Schülern zu recht als langweilig empfunden. Der weniger begabte Schüler scheitert meist hier. Dem *Inhalt* soll eine *Form* gegeben werden. Das Ziel einer jeden wissenschaftlichen Arbeit – auf Schulebene das Referat, die Facharbeit, das Kolloquium – ist die erfolgreiche Kommunikation eines Sachverhaltes, vornehmlich durch eindrucksvolle Bilder, die aus einer gründlichen Untersuchung des Themas hervorgehen. Was spricht dagegen, ein interaktives Grafikprogramm an die Hand zu geben um wissenschaftlich anspruchsvoll Daten zu kommunizieren? Gerade die Interaktion – praktisch gesprochen, das Schreiben einer Befehlsdatei für jede Grafik – zwingt zum sparsamen Gebrauch der Mittel, aber auch zur ernsthaften Auseinandersetzung mit einem komplexen Werkzeug. Am Ende dieser Bemühung stehen in hohem

Maße instruktive Grafiken, die in zweierlei Hinsicht die Auseinandersetzung mit der Fachwissenschaft bereichern: *qualitativ* darstellend - interpretativ und *quantitativ* experimentell - operativ. Mehr Verantwortung führt vermutlich weniger oft zu Ermüdung und Nachlassen der Begeisterung. Die hier gewählten digitalen Werkzeuge sind jedenfalls nicht so schnell erschöpft; es lassen sich die vorgestellten Themen an jeder Stelle beliebig erweitern und vertiefen. Den einzelnen Themenbereichen sind Übungen angeschlossen, die ohne große Schwierigkeiten gelöst und mit den gegebenen Werkzeugen kontrolliert werden können. Umfangreiche Aufgaben als *case studies* sind im Anhang eingefügt. Diese eignen sich für selbständige Schülerarbeiten.

Dieses Buch möchte weiterführendes Material für Studierende der Technikerschulen und SchülerInnen der Oberstufe bieten. Es wird eine konsequente Anwendung des Werkzeugs Computer zur mathematischen Modellierung technologischer Sachverhalte aufgezeigt, mit Anwendung der Programmiersprache C, die bis heute im *scientific computing* grundlegend ist, und mit Einführung in die Grafik-Programmierung mit *GNUPLOT*. Es soll der Paradigmenwechsel innerhalb der Oberschul- Ausbildung in Naturwissenschaft und Mathematik hin zu *Modellbildung, Simulation, Systemisches Denken, Vernetztes Denken, Datenanalyse...* aufgegriffen werden.

Dank sagen wir an dieser Stelle der Verlagsleitung und den Mitarbeitern des Verlages für die gute Zusammenarbeit bei der Realisierung dieses Buches, insbesondere Herrn Dapper und Frau Mithöfer.

Wasenweiler, im Juni 2008

Jörg Birmelin und Christian Hupfer

Inhaltsverzeichnis

Abbildungsverzeichnis

Grundlagenwerke der Elektrotechnik

Weißgerber, Wilfried
**Elektrotechnik für
Ingenieure 1**
Gleichstromtechnik und Elektromagne-
tisches Feld. Ein Lehr- und Arbeitsbuch
für das Grundstudium
7., überarb. Aufl. 2007. XII, 439 S.
mit 469 Abb. zahlr. Beispielen u.
121 Übungsaufg. mit Lösg. Br. EUR 32,90
ISBN 978-3-8348-0058-9

Böge, Wolfgang /
Plaßmann, Wilfried (Hrsg.)
**Formeln und Tabellen
Elektrotechnik**
Arbeitshilfen für das technische Studium
2007. XVI, 350 S. mit über
1700 Sachworten Br. EUR 22,90
ISBN 978-3-528-03973-8

Weißgerber, Wilfried
**Elektrotechnik für
Ingenieure 2**
Wechselstromtechnik, Ortskurven, Trans-
formator, Mehrphasensysteme. Ein Lehr-
und Arbeitsbuch für das Grundstudium
6., überarb. Aufl. 2007. XII, 372 S. mit
420 Abb. zahlr. Beisp. und 68 Übungsaufg. mit Lösg. Br. EUR 32,90
ISBN 978-3-8348-0191-3

Böge, Wolfgang /
Plaßmann, Wilfried (Hrsg.)
**Vieweg Handbuch
Elektrotechnik**
Grundlagen und Anwendungen
für Elektrotechniker
4., überarb. Aufl. 2007. XXXVIII,
1143 S. mit 1726 Abb. u. 281 Tab.
Geb. EUR 79,90
ISBN 978-3-8348-0136-4

Weißgerber, Wilfried
**Elektrotechnik für
Ingenieure 3**
Ausgleichsvorgänge, Fourieranalyse,
Vierpoltheorie. Ein Lehr- und Arbeits-
buch für das Grundstudium
6., überarb. Aufl. 2007. XII, 320 S.
mit 261 Abb. zahlr. Beisp. u. 40 Übungs-
aufg. mit Lösg. Br. EUR 34,90
ISBN 978-3-8348-0192-0

Weißgerber, Wilfried
**Elektrotechnik für
Ingenieure -
Klausurenrechnen**
Aufgaben mit ausführlichen Lösungen
3., durchges. u. korr. Aufl. 2007.
X, 200 S. zahlr. Abb. Br. EUR 24,90
ISBN 978-3-8348-0300-9

**VIEWEG+
TEUBNER**
Abraham-Lincoln-Straße 46
65189 Wiesbaden
Fax 0611.7878-400
www.viewegteubner.de

Stand Januar 2008.
Änderungen vorbehalten.
Erhältlich im Buchhandel oder im Verlag.

Tabellenverzeichnis

Informationstechnik

Frey, Thomas / Bossert, Martin
Signal- und Systemtheorie
hrsg. von Norbert Fliege und Martin Bossert
2004. XII, 346 S. mit 117 Abb. u. 26 Tab. und 64 Aufg. Br. EUR 34,90
ISBN 978-3-519-06193-9

Kammeyer, Karl Dirk
Nachrichtenübertragung
hrsg. von Norbert Fliege und Martin Bossert
4., neu bearb. und erg. Aufl. 2008. XVI, 845 S. mit 468 Abb. u. 35 Tab.
(Informationstechnik) Br. EUR 54,90
ISBN 978-3-8351-0179-1

Girod, Bernd / Rabenstein, Rudolf / Stenger, Alexander K. E.
Einführung in die Systemtheorie
Signale und Systeme in der Elektrotechnik und Informationstechnik
4., durchges. und akt. Aufl. 2007. XII, 433 S. mit 388 Abb. u. 113 Beisp.
sowie über 200 Übungsaufg. Br. EUR 39,90
ISBN 978-3-8351-0176-0

Werner, Martin
Digitale Signalverarbeitung mit MATLAB-Praktikum
Zustandsraumdarstellung, Lattice-Strukturen, Prädiktion und adaptive Filter
2008. X, 222 S. mit 118 Abb. u. 29 Tab. zahlr. Praxisbeispielen
(Studium Technik) Br. EUR 19,90
ISBN 978-3-8348-0393-1

VIEWEG+ TEUBNER
Abraham-Lincoln-Straße 46
65189 Wiesbaden
Fax 0611.7878-400
www.viewegteubner.de

Stand Januar 2008.
Änderungen vorbehalten.
Erhältlich im Buchhandel oder im Verlag.

Teil I

Mathematische Werkzeuge

Kapitel 1

Vorbemerkung und Grundlegung

1.1 »*Mondgucker*« sind klüger

Wenn nicht sie selbst, so doch ihre Nachkommen. Denn was in der europäischen Antike faszinierte – der vollkommene Kreis – kommt in der Natur nicht vor, es sei denn, man möchte den Mond zur Natur hinzuzählen. In jedem Falle beschäftigt sich die wissenschaftliche Welt seither (auch) mit krummen Linien – insbesondere ihrer grafischen Darstellung. Eine mit dem Bleistift gezogene Linie vermittelt optisch etwas glattes, zusammenhängendes, wie auch jede Computergrafik, *wenn die Schrittweite genügend klein!* Aber *Schrittweite* bedeutet *diskrete* Struktur – hier der vorliegenden Daten, Punkte einer Berechnung, die grafisch ausgegeben werden sollen. Neben dem reinen Zeichnen sehr vieler Punkte – das sind Paare reeler Zahlen – sollte man in der Lage sein, eine vorliegende Menge von reellen Zahlen zu sortieren und einzelne Zahlen herauszugreifen, etwa die größte oder die kleinste Zahl eines Vektors (array). Zunächst soll aufgezeigt werden, wie in diesem Buch die gewählten Instrumente ineinandergreifen.

1.2 Anatomie der Datenerzeugung

Unabhängig von Rechentechnik und Wahl des mathematischen Modells werden wir ohne Ausnahme Mengen von reellen Zahlen y erzeugen, die von anderen Zahlen x abhängig sind. Jede Zahl y für sich genommen ist Ergebnis eines Rechenprozesses mit einer oder mehreren Zahlen x. Im allgemeinen gibt es aber nicht eine eindeutige Abbildung der Form $y = f(x)$. Man denke etwa an die Bahnkurve beim schiefen Wurf mit Luftwiderstand. Hier liegt nach endlich vielen Berechnungen des Computers eine endliche Menge reeller Zahlen $[x(t)|y(t)]$ paarweise vor, die bequem im geeigneten Koordinatensystem abgebildet werden kann. Sucht man jedoch den höchsten Punkt – also ein lokales Maximum dieser Bahnkurve – kann man eben nicht nach den Regeln der Differentialrechnung vorgehen. Hier hilft nur die sog. Numerik, also mathematische Werkzeuge, die einzelne diskrete Zahlen unterscheiden und logisch ordnen.

Als einführendes Beispiel lassen wir Quadratzahlen im Intervall $[-2;2]$ berechnen, und zwar so eng beieinander, daß der Eindruck einer durchgezogenen Parabel entsteht.

Programm 1.1: Ein einfaches C - Programm

```
#include <stdio.h>
#include <stdlib.h>
#define dx 0.01
int main( void )
{
   int i = 0;
   float squarenum[400];
   FILE *f_ptr = NULL;
   f_ptr=fopen("daten/dat.csv","w+");
   for( i = 0 ; i < 400 ; i++ )
   {
      squarenum[i] = ( -2 + i * dx ) * ( -2 + i * dx );
      /* Daten in die Datei schreiben */
      fprintf( f_ptr,"%f %.2f\n",-2+i*dx,squarenum[i]);
   }
   fclose( f_ptr );
   return( EXIT_SUCCESS );
}
```

Mit dem Befehl *fprintf()* werden die Ergebnisse der Berechnung in eine Datei *dat.csv* geschrieben, und zwar in einem Format $-2 + i \cdot dx \longrightarrow squarenum[i]$ welches von GNUPLOT als zwei Spalten erkannt wird.

Die Normalparabel hat natürlich für $x = 0$ ihr Minimum. Wenn kein Funktionsterm vorliegt, muß man durch Anwendung einfacher Logik die kleinste Zahl des Vektors (array) *squarenum[i]* suchen lassen (siehe Programm 1.2)

Programm 1.2: Zahlenvergleich

```
for ( i = 1 ; i < 400 ; i++ )
{
   if ( ( squarenum[i] < squarenum[i-1] ) &&
        ( squarenum[i] < squarenum[i+1] )     )
      {
         printf("%.2f %.3f\n",-2+i*dx,squarenum[i]);
      }
}
```

Im nächsten Schritt wird diese Datei in GNUPLOT aufgerufen. Im Umgang mit GNUPLOT ist es aber günstig, zunächst sämtliche Befehle zur Erzeugung einer Grafik mit einem *Editor* zu schreiben, und diese *batch* mit Endung .gp zu speichern.

Abbildung 1.1 : So sieht die Datei *dat.csv* für unser einführendes Beispiel aus: hier sollten nur Zahlen stehen. Die Spalten sind durch Leerzeichen voneinander getrennt. Die erste Spalte erkennt GNUPLOT als x-Spalte. Bei jedem numerischen Projekt sollte man diese Datei sorgfältig überprüfen, wenn GNUPLOT nicht das gewünschte Bild erzeugt.

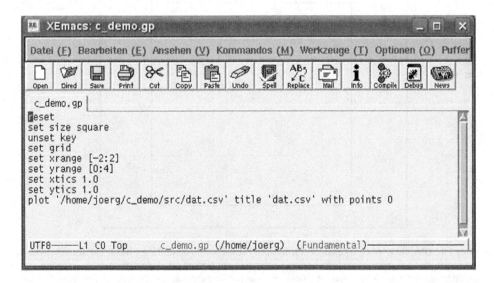

Abbildung 1.2 : Hier steht eine Reihe von elementaren GNUPLOT-Befehlen, um die Parabel des einführenden Beispiels zu zeichnen. Eine einfache Befehlsdatei, die gespeichert werden kann, um sie später weiter zu bearbeiten.

Nach dem Start von GNUPLOT zeigt sich eine Eingabekonsole, von der aus bequem mit dem
Befehl *load...* die Befehlsdatei c_demo.gp aufgerufen werden kann.

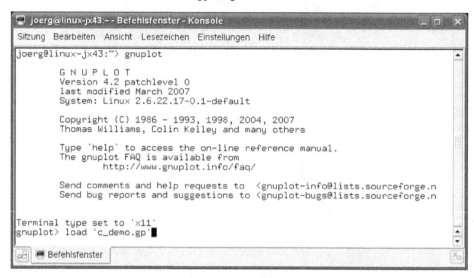

Abbildung 1.3 : Start von GNUPLOT und Aufruf der Befehlsdatei c_demo.gp an der Eingabekonsole. (Der genaue
Bildschirmtext ist abhängig von der GNUPLOT - Version (hier 4.2))

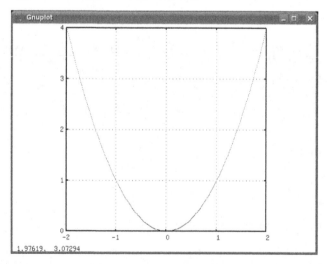

Abbildung 1.4 : GNUPLOT gibt die Grafik in einem neuen Fenster aus. In dieser Grafik wurde auf die Achsenbezeich-
nung verzichtet. Es ist aber die wesentliche Information visualisiert. GNUPLOT skaliert die Achsen am linken und am
unteren Bildrand; dies kann man ändern. Achtung: In diesem Ausgabeformat von GNUPLOT sind manche Feinhei-
ten der Grafik nicht sichtbar, auch ist die Auflösung der Linien allenfalls ausreichend. Für weitere grafische Effekte –
Linienart,Linienbreite,Farbe, Schrifteffekte... – sollte man in *postscript* umwandeln.

Kapitel 2

Änderungsverhalten einer Funktion

Was charakterisiert eine krumme Linie? Ihre sich ständig dem Betrage und dem Vorzeichen nach ändernde Steigung. Das Änderungsverhalten einer krummen Linie muß durch stückweise gerade Linien mit konstanter Steigung beschrieben werden. Jede krumme Linie kann also durch hinreichend viele kurze gerade Striche angenähert (approximiert) werden. Diese fundamentale Technik zieht sich wie ein roter Faden durch das gesamte mathematische Gebiet der Funktionsuntersuchung. Wenn wir also eine Punktmenge untersuchen deren Bild eine Kurve ist, werden wir nicht nur den aktuellen Wert – den Bestand -*den stock* – betrachten, sondern gleichzeitig die aktuelle Änderungsrate – den *flow* – im Auge haben, um Aussagen über das weitere Verhalten dieser Kurve zu treffen, ohne alle Funktionswerte berechnen zu müssen!

2.1 Grafisches Integrieren: $flow \rightarrow stock$

2.1.1 Der flow - stock - Gesichtspunkt

Nun versuchen wir, mit Hilfe der Information der Steigung einer Kurve ihren Verlauf zu konstruieren. Hierzu betrachten wir verschiedene Zufluss - Modelle, die eine Änderung irgendeiner Statusgröße zur Folge haben; dieses Modell hat also zwei meßbare Größen:

1. eine Änderungsrate (*flow*)

2. eine Statusgröße (*stock*), z. B. das aktuelle Wasservolumen eines Schwimmbades

Für jeden der drei Zuflüsse wollen wir das aktuelle Volumen $V(t)$ zu verschiedenen Zeiten t berechnen und geeignet grafisch darstellen. Für den konstanten Zufluss multiplizieren wir einfach die konstante Änderungsrate mit der Zeit, und erhalten den aktuellen Wert der Statusgrösse.

$$V(t) = V_0 + f_1 \cdot t = V_0 + \frac{1000}{min} \cdot t \, min$$

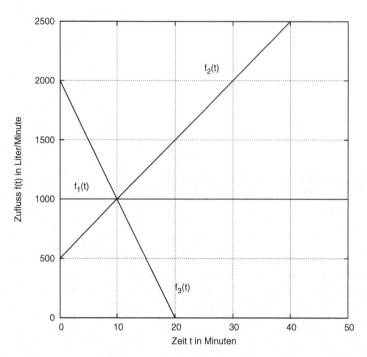

Abbildung 2.1 : Der Zufluss f_1 ist konstant, etwa ein geöffnetes Ventil; bei Zufluss f_2 wird ein Schieber mit konstanter Geschwindigkeit hoch gezogen; bei f_3 würde dieser Schieber anfangs schlagartig geöffnet werden und dann mit konstanter Geschwindigkeit nach unten gedrückt, bis der Zufluss aufhört.

Die Änderung der Statusgröße (stock) – hier das Volumen – ist durch die Fläche unter der Flusskurve gegeben, plus einen Anfangswert; indem wir die Fläche berechnen, multiplizieren wir einfach den Fluss mit der Zeit, als Einheit kommt wieder eine Statusgrösse heraus. Bei konstantem Fluss ändert sich also die Statusgrösse geradlinig, d.h. mit konstanter Steigung.

Auch im Fall f_2 berechnen wir die Fläche unter der Flusskurve: hier *steigt* der Fluss konstant, will man einen Anfangswert $f_0 \neq 0$ zulassen, ergeben sich Trapezflächen zwischen zwei Zeitwerten.

$$V(f(t)) = \frac{f_0 + f(t)}{2} \cdot t + V_0$$

Selbst im Fall f_3 ist die zeitliche Änderung der Statusgrösse positiv, obwohl ein linear negativ steigender Fluss vorliegt: es kommt immer weniger hinein. Setzt man f_3 negativ fort – das entspricht nach der 20. Minute einem negativen Zufluss, also einem Abfluss – so wird die Statusgrösse negativ steigend, sie nimmt also ab.

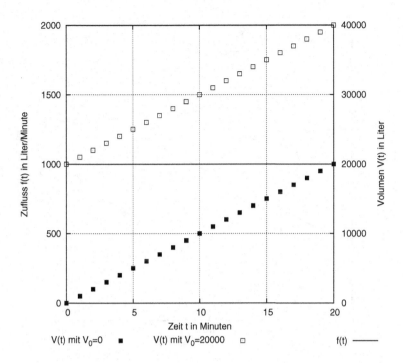

Abbildung 2.2 : Änderung des Volumen bei konstantem Fluss; man beachte die unterschiedliche Skalierungen der y-Achsen.

Wir können folgende Gesetzmässigkeiten erkennen:

1. Der aktuelle Wert der Statusgrösse ist gleich der Fläche unter der Flusskurve.

2. Ein konstanter Fluss führt zu linearem Verlauf der Statusgrösse. Die Steigung ist gleich dem Wert des Flusses.

3. Ein linear ansteigender positiver Fluss verursacht parabelförmiges ansteigendes Verhalten der Statusgrösse (Parabel nach oben geöffnet).

4. Ein linear absteigender negativer Fluss verursacht parabelförmiges abflachendes Verhalten der Statusgrösse (Parabel nach unten geöffnet).

5. Der Wert des Flusses zu einem Zeitpunkt ist gleich der Steigung der Statusgrösse zu diesem Zeitpunkt.

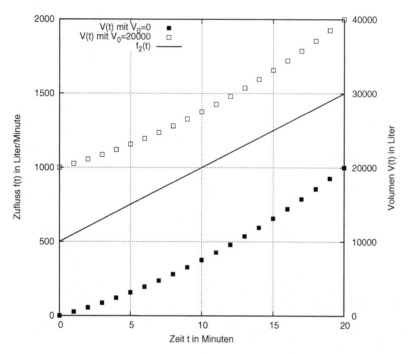

Abbildung 2.3 : Bei linear positiv steigendem Fluss ergibt sich ein parabelförmiges Verhalten der Statusgrösse; die Dynamik (Form der Parabel) ist vom Anfangswert unabhängig.

Programm 2.1: Erzeugung der Stock - Flow - Daten

```
#include <stdio.h>
#include <stdlib.h>
#define N 41
#define A 0
double f_wert( int a )
{
   return ( −100 * a + 2000 );
}
int main( void )
{
   double vol_t[N];
   int i = 0;
   FILE *f_ptr = NULL;
   printf( "Stock Flow Data!\n" );
   f_ptr=fopen("daten/dat_f4_1.csv","w+");
   for ( i = 1 ; i < N ; i++ )
   {
```

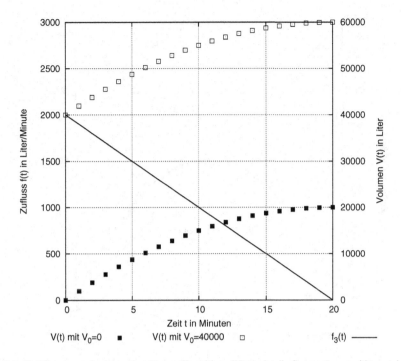

Abbildung 2.4 : Bei linear *negativ* steigendem Fluss mit positiven Werten ist die Statusgrösse positiv ansteigend, wenn auch zunehmend flach.

```
    vol_t[i]  =  A +  ((f_wert(0)  +  f_wert(i))/2)*i;
    fprintf(f_ptr ,"%i  %.4lf\n",i,vol_t[i]);
  }
 return( EXIT_SUCCESS );
}
```

2.1.2   Grafische Integration: Rechnung *von links nach rechts*

Zunächst bestimmt man aus der Grafik die Funktionen $f_i(x)$ zu

$$f(x) = \left\{ \begin{array}{l} -x-4, \; wenn \; -3 \le x < 0 \\ 1.375 \cdot x - 4, \; wenn \; 0 \le x < 4 \\ 1.5, \; wenn \; 4 \le x < 7 \\ -0.833 \cdot x + 7.5, \; wenn \; 9 \le x < 12 \end{array} \right\}$$

Links beginnend rechnet man dann - wenn $F(x)$ den *stock* bezeichnet -

$$F_1(x) = \frac{f_1(-3)+f_1(x)}{2} \cdot (x+3) = -0.5 \cdot x^2 - 4 \cdot x - 7.5, \; mit \; F_1(0) = -7.5$$

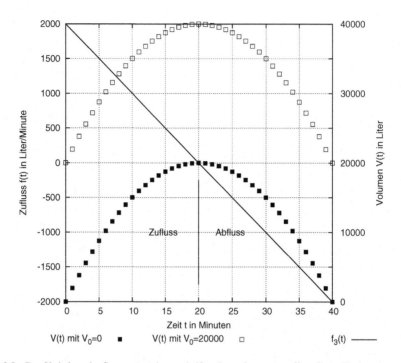

Abbildung 2.5 : Das Verhalten der Statusgrösse ist parabelförmig nach unten geöffnet; ihren Hochpunkt erreicht sie in dem Zeitpunkt, in dem nichts mehr hinzufliesst, aber auch noch nichts abgeflossen ist.

$$F_2(x) = -7.5 + \frac{f_2(0) + f_2(x)}{2} \cdot x = 0.6875 \cdot x^2 - 4 \cdot x - 7.5, \text{ mit } F_2(4) = -12.5$$

$$F_3(x) = -12.5 + \frac{f_3(4) + f_3(x)}{2} \cdot (x-4) = 1.5 \cdot x - 18.5, \text{ mit } F_3(7) = -8$$

$$F_4(x) = -8 + \frac{f_4(9) + f_4(x)}{2} \cdot (x-9) = -0.4165 \cdot x^2 + 7.5 \cdot x - 41.75, \text{ mit } F_4(12) = -11.75$$

Im Ergebnis läßt sich der *stock* - Verlauf folgendermaßen schreiben:

$$F(x) = \left\{ \begin{array}{l} -0.5 \cdot x^2 - 4 \cdot x - 7.5, \text{ wenn } -3 \le x < 0 \\ 0.6875 \cdot x^2 - 4 \cdot x - 7.5, \text{ wenn } 0 \le x < 4 \\ 1.5 \cdot x - 18.5, \text{ wenn } 4 \le x < 7 \\ -0.4165 \cdot x^2 + 7.5 \cdot x - 41.75, \text{ wenn } 9 \le x < 12 \end{array} \right\}$$

Das Ergebnis von $F_4(12) = -11.75$ erhält man auch, indem man die »Flächen« zwischen *flow* - Geraden und x-Achse (mit ihren z. T. negativen Vorzeichen!) addiert.

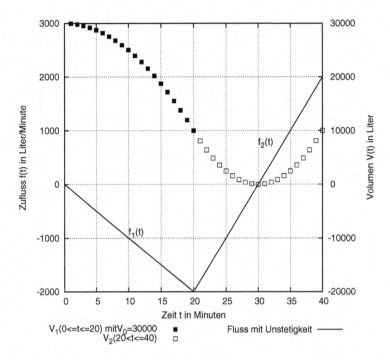

Abbildung 2.6 : Während der ersten 20 Minuten leert sich das Fass mit zunehmender Abflussrate, danach schwächt sich der Fluss über einen Zeitraum von 10 Minuten bis zu 0 ab. Von der 30. bis zur 40. Minute füllt sich das Fass auf ein Volumen von 10.000 Liter.

Programm 2.2: Stock - Flow - Darstellung mittels Gnuplot

```
reset
set size square
unset key
set grid
set style line 1 lt 1 lw 2
x_min =    -3.0
x_max =   12.0
y_min =  -14.0
y_max =    4.0
set xrange [x_min:x_max]
set yrange [y_min:y_max]
set xtics 2.0
set ytics 2.0
set arrow nohead from -3,-1   to   0, -4   ls 1
set arrow nohead from  0,-4   to   4,  1.5 ls 1
set arrow nohead from  4, 1.5 to   7,  1.5 ls 1
```

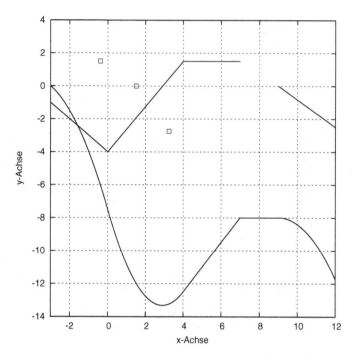

Abbildung 2.7 : *flow*-Situation aus vier abschnittsweise definierten Geraden: der Anfangswert des *stock* sei Null. Im unteren Teil der Grafik ist der *stock*-Verlauf wiedergegeben.

```
set arrow nohead from  9, 0    to 12, −2.5 ls 1
set xlabel 'x−Achse'
set ylabel 'y−Achse'
plot 'daten/points_5_2.csv' with points 4.0
replot x<=0 ? −0.5 * x**2−4*x−7.5 : x<4 ? 0.6875*x**2−4*x−7.5 : \
x < 7 ? 1.5*x−18.5:x<9 ? −8.0 : \
x > 9 ? −0.4165*x**2+7.5*x−41.75\
 : 0 ls 1
set terminal postscript enhanced colour
set output 'abbildungen/a1_solution.eps'
replot
set output
set terminal x11
```

2.2 Grafisches Differenzieren: *stock* → *flow*

Die Umkehrung des oben betrachteten Prozesses fällt nun leicht: zu einem vorgegebenen *stock*-Verlauf – hier Volumen V(t) – soll die *flow*-Funktion konstruiert werden.

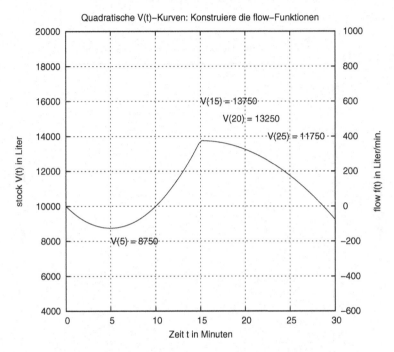

Abbildung 2.8 : Aus den bisherigen Überlegungen kann man schliessen: in den ersten 5 Minuten ist der *flow* negativ, dann von der 5. bis zur 15. Minute positiv. Von der 15. bis zur 30. Minute erneut Abfluss.

Man berechnet etwa im Zeitintervall [5; 10] die mittlere relative Änderung des Volumen zu

$$\frac{\Delta V}{\Delta t} = \frac{V(10) - V(5)}{10 - 5} = +250 \cdot \frac{l}{min}$$

Zur Zeit $t = 5$ gilt $f(t) = 0$, denn wir sind am Tiefpunkt des Volumen. Die Volumenänderung kann durch stückweise gerade Linie angenähert werden; über der Intervallmitte wird der *flow*-Wert gezeichnet. Im Zeitintervall [0; 5] berechnet man ebenso

$$\frac{\Delta V}{\Delta t} = \frac{V(5) - V(0)}{5 - 0} = -250 \cdot \frac{l}{min}$$

Trägt man diesen Wert entsprechend über seiner Intervallmitte ein, so kann man durch den Nullpunkt zu einer Gerade – der *flow*-Gerade – verbinden. Jetzt bestimmt man die Gleichung dieser

Gerade zu

$$f_1(t) = 100 \cdot t - 500$$

Ebenso erhält man für das Zeitintervall $[15; 30]$

$$f_2(t) = -40 \cdot t + 600$$

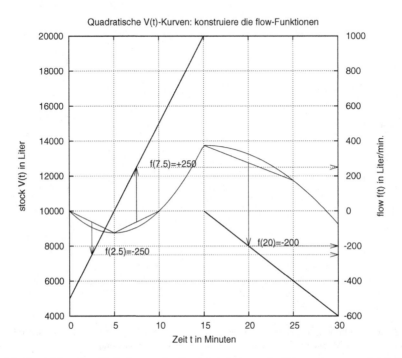

Abbildung 2.9 : Zugehöriger *flow*-Verlauf: man trägt die mittlere Änderung des Volumen bezogen auf ein beliebiges Zeitintervall genau mittig über diesem Inervall auf. Die so gewonnenen *flow*-Werte liegen auf einer gemeinsamen Geraden, der *flow*-Geraden.

Grafisches Differenzieren:
Für ein beliebiges Zeitintervall berechnet man die relative Änderung der betrachteten Messgröße – man berechnet also die Steigung der Näherungsgerade – und zeichnet diesen Wert genau über der Intervallmitte ein. Hat die Messgröße quadratischen Verlauf, so liegen alle diese Werte auf einer gemeinsamen Gerade! Bestimme die Geradengleichung und die zugehörige *flow*-Funktion liegt vor!

Programm 2.3: Gnuplot - Skript für Abb. 2.8

```
reset
set grid
set style line 1 lt −1
set size square
unset key
x_min =      0
x_max =     30
y_min =   4000
y_max = 20000
set   xrange [x_min:x_max]
set   yrange [y_min:y_max]
set y2range [−600:1000]
set xtics
set ytics   2000
set y2tics  200
set xlabel 'Zeit t in Minuten'
set ylabel 'stock V(t) in Liter'
set y2label 'flow f(t) in Liter/min.'
set title 'Quadratische V(t)−Kurven: konstruiere die flow−Funktionen'
set arrow nohead from   0.0 , 10000.0 to  5.0 ,  8750.0 lt 1
set arrow nohead from   5.0 ,  8750.0 to 10.0 , 10000.0 lt 1
set arrow   head from   7.5 ,  9375.0 to  7.5 , 12500.0 lt 1
set arrow   head from   7.5 , 12500.0 to 30.0 , 12500.0 ls 0
set arrow   head from   2.5 ,  9375.0 to  2.5 ,  7500.0 lt 1
set arrow   head from   2.5 ,  7500.0 to 30.0 ,  7500.0 ls 0
set arrow nohead from  15.0 , 13750.0 to 25.0 , 11750.0 lt 1
set arrow   head from  20.0 , 12750.0 to 20.0 ,  8000.0 lt 1
set arrow   head from  20.0 ,  8000.0 to 30.0 ,  8000.0 ls 0
set arrow nohead from  15.0 , 10000.0 to 30.0 ,  4000.0
set arrow nohead from   0.0 ,  5000.0 to 15.0 , 20000.0
set label 'f(20)=−200'  at 21.0 ,  8200.0
set label 'f(7.5)=+250' at  9.0 , 12700.0
set label 'f(2.5)=−250' at  4.0 ,  7700.0
set label 'V(5)=8750'   at  5.0 ,  8000.0
set label 'V(15)=13750' at 15.0 , 16000.0
set label 'V(20)=13250' at 17.5 , 15000.0
set label 'V(25)=11750' at 22.5 , 14000.0
plot x<15 ? 50*x**2 − 500*x + 10000 : −20*x**2 + 600*x + 9250 lw 1 lt 1
set terminal postscript enhanced colour
set output 'abbildungen/stock_flow_6_3.eps'
replot
set output
set terminal x11
```

2.2.1 Parabeln 2. Grades

Wir untersuchen die Änderung des Flächeninhaltes von Rechtecken, die folgende Gemeinsamkeit besitzen: ihre beiden Seiten unterscheiden sich immer um genau zwei Längeneinheiten: setzen wir für eine Seite $a = x$, so hat die zweite Seite die Länge $b = a - 2$. Daraus ergibt sich die Funktion der Rechteckfläche zu

$$A(x) = a \cdot b = x \cdot (x-2) = x^2 - 2 \cdot x$$

Diese Parabel zweiten Grades betrachten wir als flow und berechnen schrittweise den stock, durch Anwendung der Trapezformel. Aber Achtung: Wir haben es hier mit einem krummlinigen flow zu tun. Wir müssen deshalb viele schmale Trapeze $F(i)$ $1 \leq i \leq N$ berechnen und ihre Werte[*] addieren:

$$F(x) = \sum_{i=1}^{N} \frac{f((i-1) \cdot \Delta x) + f(i \cdot \Delta x)}{2} \cdot \Delta x$$

Programm 2.4: Numerische Integration mittels Trapezverfahren

```
#include <stdio.h>
#include <stdlib.h>
#define N 101
double funcwert( double a )
{
  return ( a * ( a - 2 ) );
}
int main( void )
{
  double F[N];  /* Array mit N Eintraegen */
  float dx = 0.05;
  int i;
  FILE *f_ptr = NULL;
  F[0] =0.0;
  f_ptr = fopen( "daten/trapez_verfahren.dat" , "w+" );
  for ( i = 1 ; i < N ; i++ )
  {
    F[i]= ( (funcwert((i-1)*dx) + funcwert(i*dx))/2) * dx + F[i-1];
    fprintf( f_ptr , "%.2f %.4lf\n" , i * dx ,F[i] );
  }
  return( EXIT_SUCCESS );
}
```

2.2.2 Parabeln 3. Grades

Wir untersuchen die Änderung des Rauminhaltes von Quadern, die folgende Gemeinsamkeit besitzen: ihre drei Kantenlängen unterscheiden sich paarweise um zwei bzw. vier Längeneinheiten:

---

[*]Hier kommen auch negative »Flächen« vor! Streng formal berechnen wir die Integralfunktion $\int_0^x f(t) \cdot dt$.

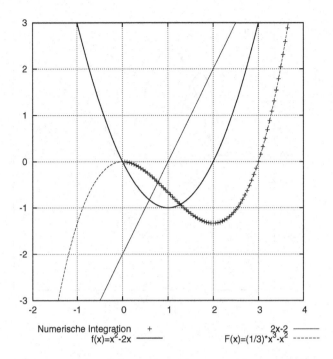

Numerische Integration   + $2x-2$ ——
f(x)=x^2-2x ——   F(x)=(1/3)*x^3-x^2 --------

Abbildung 2.10 : Man sieht leicht: Die Parabel 3. Grades hat ihre Extrema, wo die Parabel 2. Grades ihre Nullstellen hat; entsprechend hat diese ihren Scheitel, wo die zugehörige Gerade durch die x-Achse verläuft.

setzen wir für eine Kantenlänge $a = x$, so hat die zweite Kante die Länge $b = a - 2$ und die dritte Kante die Länge $c = b - 2$. Daraus ergibt sich die Funktion des Quadervolumen zu

$$V(x) = a \cdot b \cdot c = x \cdot (x - 2) \cdot (x - 4) = x^3 - 6 \cdot x^2 + 8 \cdot x$$

Wie bei der Parabel 2. Grades lassen wir nicht nur die Kurve von $V(x)$ zeichnen, sondern betrachten diese wiederum als flow und wenden das oben entwickelte Programm an um den stock zu berechnen. Man findet auch hier die gleichen Zusammenhänge. Zur Charakterisierung einer Kurve ist es also geschickt, »eine Ebene tiefer nach zu schauen«: Wendepunkte entpuppen sich in der Ebene tiefer als Extrema, Extrema entpuppen sich in der Ebene darunter als Nullstellen. Die oben entwickelten Zusammenhänge stellen sich bildhaft wie folgt dar:

2.3   Taylor - Polynome

Das oben erwähnte Bildungsgesetz von Ableitungs- und Stammfunktion ist nur bei ganzrationalen Polynomen problemlos anwendbar. Man hat aus diesem Grunde und mit Hilfe der ganz-

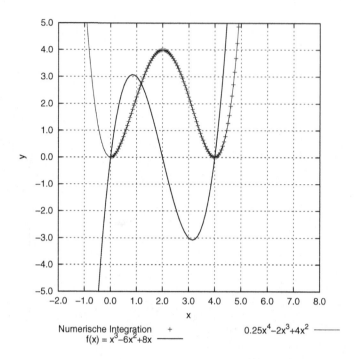

Abbildung 2.11 : Ein *flow* als Parabel 3. Grades führt zu einem *stock* als Parabel 4. Grades. Wie man gut erkennen kann, liefert die numerische Integration mit hervorragender Genauigkeit das theoretische Ergebnis.

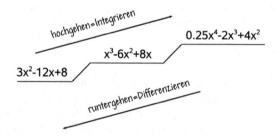

Abbildung 2.12 : Bei den bisher betrachteten *Polynomen* mit ganzzahligen Exponenten findet man leicht das Bildungsgesetz von *sog. Ableitungsfunktion* (»nach unten gehen«) und *sog. Stammfunktion* (»nach oben gehen«).

rationalen Polynome einen Formalismus abstrahiert, der eine näherungsweise Darstellung einer beliebigen glatten Kurve durch ganzrationale Polynome gestattet.

Wir gehen aus von einem Polynom 3. Grades für das immer gilt

$$f'''(x) = konstant$$

Die erste Integration ausgehend von einer Konstanten läßt sich noch als Trapezformel geschlossen anschreiben:

$$f''(x) = \frac{f'''(a) + f'''(x)}{2} \cdot (x - a) + f''(a)$$

denn wir beginnen bei $a \geq 0$, aber treffen keine Aussage über den Anfangswert, den *stock f"(a)*. Im Ergebnis haben wir - wenn wir die unhandliche Summation für krummlinigen flow benutzen -

$$\frac{f'''(a) + f'''(x)}{2} \cdot (x - a) = \sum_{i=1}^{N} \frac{f'''(a + (i-1) \cdot \Delta x) + f'''(a + i \cdot \Delta x)}{2} \cdot \Delta x = f''(x) - f''(a)$$

An dieser Stelle erinnern wir daran, daß die Anwendung der Summation mit schmalem Δx eine Näherung des stock – also der Fläche zwischen Kurve und x-Achse – darstellt. Im folgenden benutzen wir die symbolische Schreibweise

$$\sum_{i=1}^{N} \frac{f'''(a + (i-1) \cdot \Delta x) + f'''(a + i \cdot \Delta x)}{2} \cdot \Delta x \rightarrow \int_{a}^{x} f'''(x) \cdot dx = f''(x) - f''(a)$$

und meinen damit, daß der Wert des stock in höherem Maße genau wird, wenn man $\Delta x \rightarrow dx \approx 0$ verkleinert. Daß es diesen scharfen Wert des stock gibt, hatten wir oben numerisch gezeigt. Das Symbol $\int$ ...auf der rechten Seite des Pfeils bedeutet »Integral über f''' von Null bis x«. nach der numerischen Untersuchung können wir sagen: *Ein Integral ist eine unendlich lange Summe mit unendlich kleinen Summanden.*
Im nächsten Schritt integrieren wir erneut und erhalten

$$\int_{a}^{x} (f''(x) - f''(a)) \cdot dx = f'(x) - f'(a) - (x - a) \cdot f''(a)$$

und ebenso im letzten Schritt

$$\int_{a}^{x} (f'(x) - f'(a) - (x - a) \cdot f''(a)) \cdot dx = f(x) - f(a) - (x - a) \cdot f'(a) - \frac{(x - a)^2}{2} f''(a)$$

Es läßt sich also f(x) - unter Nichtbeachtung der linken Seite der Gleichung schreiben als

$$f(x) = f(a) + (x - a) \cdot f'(a) + \frac{(x - a)^2}{2} f''(a) + \dots$$

wobei diese Formel *dann* exakt gilt, wenn für dreimaliges Integrieren f(x) auch nur ein Polynom dritten Grades ist. Falls nicht, muß für jede andere Funktion – die beliebig oft differenzierbar ist

– überprüft werden, in welchem Bereich die Näherung noch *gut* ist. Als erstes Beispiel nehmen wir die Sinus-Funktion, mit

$$f(x) = sin(x), \ f'(x) = \cos(x), \ f''(x) = -\sin(x), \ f'''(x) = -\cos(x), \ ...$$

und erhalten mit der Taylor-Formel

$$\sin(a = 0) = 0 + x - \frac{x^3}{3!} + \frac{x^5}{5!} - \frac{x^7}{7!} + ...$$

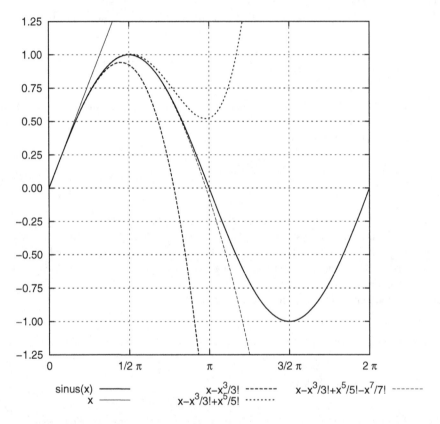

Abbildung 2.13 : Die ersten sieben Taylorpolynome für $f(x) = \sin(x)$. Man findet leicht schrittweise das Polynom kleinsten Grades, so daß die Sinuskurve im abgebildeten Intervall ohne Abweichung dargestellt wird.

Taylor-Entwicklung einer Funktion:

$$f(x) = f(a) + (x-a) \cdot f'(a) + \frac{(x-a)^2}{2} f''(a) + \frac{(x-a)^3}{3!} \cdot f'''(a) + ...$$

Der Wert einer Funktion an der Stelle x wird durch den Wert der Funktion und die Werte höherer Ableitungen dieser Funktion an einer Referenzstelle a ausgedrückt.

2.4 Länge einer Kurve

Da wir Abhängigkeiten zwischen Größen durch Funktionen beschreiben und diese als Kurven bildhaft darstellen, sollten wir die Länge einer Kurve berechnen können. Hierzu nähern wir die krumme Linie durch gerade Stücke Δs an, deren länge jeweils

$$\Delta s = \sqrt{(\Delta x)^2 + (\Delta y)^2} = \sqrt{1 + (\frac{\Delta y}{\Delta x})^2} \cdot \Delta x \qquad (2.1)$$

beträgt.

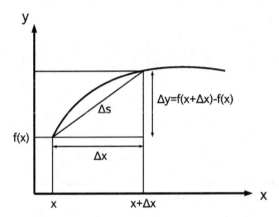

Abbildung 2.14 : Die krumme Linie wird durch kleine gerade Stücke Δs angenähert, deren Länge exakt berechnet werden kann.

Zur Berechnung der Gesamtlänge der Kurve addieren wir die einzelnen Δs zur Länge S des Kurvenbogens

$$S = \sum_{i=1}^{n} \sqrt{(\Delta x_i)^2 + (\Delta y_i)^2} \rightarrow \int_a^b \sqrt{1 + (f'(x))^2} \cdot dx$$

wobei der Ausdruck rechts vom Pfeil nur Sinn macht, wenn ein Funktionsterm f(x) explizit vorliegt, und das Integral geschlossen lösbar ist. [†]

2.4.1 Numerische Berechnung von π

An dieser Stelle interessiert uns die Genauigkeit des numerischen Ansatzes 2.1. Als Beispiel dient die Linie des Kreises mit Radius $r = 1$, deren Länge bekanntlich 2π beträgt. Die Funktion

[†]Wenn wir später die Bahnkurve eines schräg abgeworfenen Körpers bei Luftwiderstand modellieren, können wir beliebig dicht liegende Punkte dieser Kurve bekommen, ein Funktionsterm liegt aber nicht vor; hier müssen wir die Bahnlänge numerisch berechnen.

der Viertelkreislinie lautet

$$f(x) = \sqrt{1 - x^2}, \ wobei \ 0 \leq x \leq 1$$

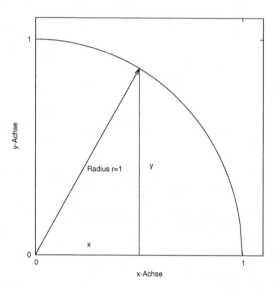

Abbildung 2.15 : Die Viertelkreislinie: wegen $x^2 + f(x)^2 = 1$ lautet die Funktion $f(x) = \sqrt{1-x^2}$. Dies ist die *explizite* Darstellung der Funktion, um die Eindeutigkeit nicht zu verletzen.

Das Intervall $[0 : 1]$ teilen wir zunächst in $n = 8$ Teilintervalle mit Länge $\Delta x = 0.125$ ein und rechnen in Tabelle: $S = \sum_{i=1}^{8} \Delta s_i = 1.564$

n	x	$f(x)$	Δy	Δs
0	1,000	1,000	-	-
1	0,125	0,992	-0,008	0,125
2	0,250	0,968	-0,024	0,127
3	0,375	0,927	-0,041	0,132
4	0,500	0,866	-0,061	0,139
5	0,625	0,781	-0,085	0,151
6	0,750	0,661	-0,119	0,173
7	0,875	0,484	-0,177	0,217
8	1.000	0,000	-0,484	0,500

Tabelle 2.1 : Näherung der Zahl π: die Summe der kleinen geraden Stücke Δs_i multipliziert mit 2 ergibt immerhin schon 3,128.

Ein beliebig genaues Ergebnis liefert das Programm 2.5 – das Intervall $[0; 1]$ wird hier in 2^k Teile zerlegt (partitioniert), wobei k nacheinander die Zahlen $0; 1; 2; ...; 10$ annimmt.

Programm 2.5: Programm zur Berechnung von π

```c
#include <stdio.h>
#include <stdlib.h>
#include <math.h>
#define N 2047
double funcwert( double a )
{
  return ( sqrt( 1 - a * a ) );
}
int main( void )
{
  int i = 0, j = 0, k = 0, PART = 0;
  double delta_x = 0.0, delta_y = 0.0;
  double delta_s[N];
  double p = 0.0;
  FILE *f_ptr = NULL;
  f_ptr=fopen("daten/pi_berechnung.csv" , "w+");
  for ( k = 0 ; k < 11 ; k++ )
  {
    PART = pow(2,k);
    double sum[PART];
    for( p = 0.0, j=0 ; p < PART, j < PART ; p++, j++)
    {
      delta_x = (p+1) / PART - p / PART;
      delta_y  = funcwert((p+1)/PART) - funcwert(p/PART);
      delta_s[j] = sqrt(delta_x*delta_x + delta_y*delta_y);
      sum[PART]  +=delta_s[j];
    }
   fprintf( f_ptr ,"%d %lf\n",PART, sum[PART]*2);
  }
  fclose( f_ptr );
  return( EXIT_SUCCESS );
}
```

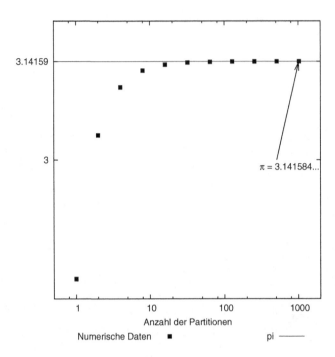

Abbildung 2.16 : Bestimmung der Kreiszahl π durch Längenberechnung der Viertelkreislinie mit $R = 1$. Beachte die logarithmische Skalierung der x-Achse. Bei einer Partitionierung des Intervall $[0;1]$ in $2^{10} = 1024$ Teile ändert sich der Näherungswert für π nur noch an der fünften Stelle nach dem Komma.

2.5   Die distance function d(P;f)

Wie machen uns zur Aufgabe, den kürzesten Abstand eines Punktes der Ebene zu einer vorgegebenen krummen Linie zu berechnen. Die Vorgehensweise ist denkbar einfach: wir berechnen sehr viele Abstände und suchen unter der so entstandenen Datenmenge die lokal kleinste Zahl aus. Im Beispiel sei

$$f(x) = -x^3 + 3x^2$$

und der Punkt $P(x|y) = (2|1)$. Zunächst berechnet man den Abstand des Punktes P zu einem beliebigen Kurvenpunkt $(i \cdot dx | f(i \cdot dx))$ mit PYTHAGORAS zu

$$distance(P; f(i \cdot dx)) = \sqrt{(P_x - i \cdot dx)^2 + (P_y - f(i \cdot dx))^2}$$

Jetzt muß für diese Funktion $distance(x)$ das kleinste lokale Minimum gefunden werden. In Abhängigkeit von der Schrittweite dx liegt ein Datenvektor distance[N] der Breite N vor, in dem Zahlen gesucht werden, die zugleich kleiner als ihr linker und kleiner als ihr rechter Nachbar sind.

Setzt man das erhaltene x_{min} in die Funktion f ein, so ergibt sich

$$f(x_{min} = 2.85) = 1.218375$$

Die Länge zwischen den Punkten $(2|1)$ und $(2.85|f(2.85))$ ist die kürzeste Verbindung zwischen Kurve f und Punkt P.

Programm 2.6: Programm zur *distance function*

```c
#include <stdio.h>
#include <stdlib.h>
#include <math.h>
#define  N 100
#define  dx  0.05
#define  px  2.0
#define  py  1.0
double funcwert ( double a )
{
  return ( -a * a * a + 3 * a * a );
}
int main ( void )
{
  double distance [N];
  int i = 0;
  for( i = 0 ; i < N ; i++ )
    {
      distance [i] = sqrt ((px-i*dx)*(px-i*dx)+(py-funcwert (i*dx))*
                     (py-funcwert (i*dx)));
      printf( "%f %lf\n", i * dx , distance [i] );
    }
  for( i = 1 ; i <= N ; i++)
    {
      if (( distance [i]<distance [i-1]) && ( distance [i]<distance [i+1]))
      {
        printf("Gesuchtes Datenpaar ist %f %lf\n",i*dx,distance [i]);
      }
    }
  return( EXIT_SUCCESS );
}
```

2.6 Übungen

1. Entwickle die Funktion $f(x) = \cos(x)$ an der Stelle $a = 0$ in eine Taylor-Reihe. Kann die Viertelkreislinie für $0 \le x \le 1$ *sauber* abgebildet werden? Wieviele Terme werden benötigt?

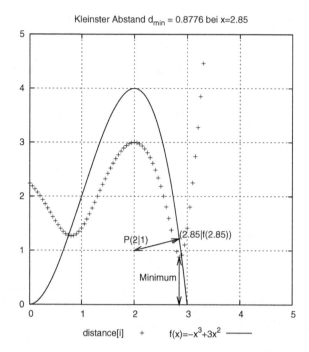

Abbildung 2.17 : Kurve f(x) und Abstandsfunktion $distance(P(2|1); f(x))$ in einem Schaubild. In diesem Beispiel gibt es zwei Lösungen für lokale Minima. Die Länge der hier gezeichneten Pfeile beträgt $d_{min} = 0.8776$. Achtung: Der Schnittpunkt der Kurven f und $distance$ ist keineswegs der Kurvenpunkt mit kürzester Verbindung zum Punkt P!

2. Erweitere das Programm so, daß beide lokalen Minima ausgegeben werden.

3. Für die Funktion $f(x) = -x^3 + 3 \cdot x^2$ schreibe ein Programm, welches die Stellen extremaler Steigung ausgibt.

4. Gegeben sind die drei Punkte $A(1|-1)$, $B(2|0)$ und $C(3|1.25)$. Bestimme die Parabel 2. Grades durch die drei Punkte und berechne die Länge des Kurvenbogens S_{ABC}. Bestimme die Kreislinie K_{ABC} durch die drei Punkte und vergleiche die Längen beider Kurven.

Kapitel 3

Parameterkurven im 2D und 3D

3.1 Kreise und Teilkreise im 2D

Wenn wir versuchen Kurven zu konstruieren durch explizite Funktionsvorschriften der Form $y = f(x)$ dann schränken wir uns ein. Es ist zur Erzeugung der gewünschten Punktmenge einfacher, solche Abbildungsvorschriften in x-Richtung und y-Richtung getrennt aufzuschreiben, und dann die beiden Vorschriften zu überlagern. Eine solche Darstellung nennt man *Parameter-Form* einer Kurve. Im Falle der Viertelkreislinie im ersten Quadranten eines kartesischen Koordinatensystems kommen wir immer zur Spitze des Radius-Pfeils, wenn wir erst in x-Richtung den Betrag $r \cdot \cos(\alpha)$ ablaufen, und dann in y-Richtung die Strecke $r \cdot \sin(\alpha)$. Wenn man für den Winkel α das volle Intervall $[0°; 360°]$ zuläßt, erhält man einen geschlossenen Kreis. Hier geben wir zuerst die Befehlsdatei für GNUPLOT wieder, mittels derer wir Abbildung 3.1 erzeugen.

Programm 3.1: Gnuplot - Skript zur Erzeugung von Abb. 3.1

```
reset
set grid
unset key
set size square
x_min = -1.5
x_max =  1.5
y_min = -1.5
y_max =  1.5
set xrange [x_min:x_max]
set yrange [y_min:y_max]
set xtics 1
set ytics 1
set ticslevel 0
set xlabel 'x_1(t)'
set ylabel 'x_2(t)'
```

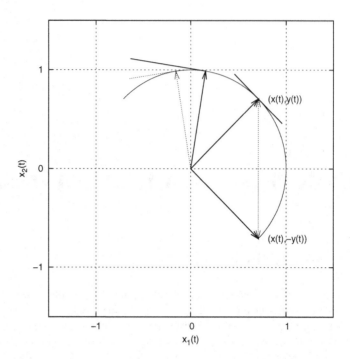

Abbildung 3.1 : Einheits - Halbkreis $K(t) = \begin{pmatrix} x_1(t) \\ x_2(t) \end{pmatrix} = \begin{pmatrix} \cos(t) \\ \sin(t) \end{pmatrix}$ und Tangentialvektor $\begin{pmatrix} -1 \\ 1 \end{pmatrix}$ im Punkt $\begin{pmatrix} 0.707 \\ 0.707 \end{pmatrix}$; der Parameter t läuft von $-\pi/4$ bis $3\pi/4$. Versuche die Winkel in der Befehls-Datei zu finden, die zu den beiden oben im Kreis gezeichneten Radien und deren zugehörigen Tangentialvektoren gehören!

```
set  parametric
set  arrow  head  from  0.0  ,  0.0  to  cos(pi/4)  ,  sin(pi/4)
set  arrow  head  from  cos(pi/4),  0.0  to  cos(pi/4),  sin(pi/4)  ls  0
set  arrow  head  from  cos(pi/4),  0.0  to  cos(pi/4),  −sin(pi/4)  ls  0
set  arrow  head  from  0.0  ,  0.0  to  cos(pi/4)  ,  −sin(pi/4)
set  arrow  nohead  from  cos(pi/4)−0.25,  sin(pi/4)+0.25  \
      to  cos(pi/4)+0.25  ,  sin(pi/4)−0.25
set  arrow  head  from  0.0  ,  0.0  \
      to  cos(pi/2*1.1),  sin(pi/2*1.1)  ls  0
set  arrow  head  from  0.0  ,  0.0  \
      to  cos(pi/2*0.9)  ,  sin(pi/2*0.9)
set  arrow  nohead  from  cos(pi/2*1.1)  ,  sin(pi/2*1.1)  \
      to  cos(pi/2*1.1)−0.987/2  ,sin(pi/2*1.1)−0.156/2  ls  0
set  arrow  nohead  from  cos(pi/2*0.9)  ,  sin(pi/2*0.9)
      to  cos(pi/2*0.9)−0.987*0.8  ,  sin(pi/2*0.9)+0.156*0.8
```

```
plot  [−pi/4:3*pi/4]  cos(t)  ,  sin(t)
set label '(x(t),y(t))' at cos(pi/4) +0.1 , sin(pi/4)
set label '(x(t),−y(t))' at cos(pi/4) +0.1 , −sin(pi/4)
set terminal postscript enhanced colour
set output 'abbildungen/param_kreis.eps'
replot
set terminal x11
```

Der Tangentialvektor gibt in jedem Punkt der Kurve – hier des Kreises – die Richtung der Tangenten an. Beim Kreis bilden der Radius zum Berührpunkt der Tangenten und diese einen rechten Winkel; die beiden Vektoren bilden das Skalarprodukt Null:

$$\begin{pmatrix} \cos(\pi/4) \\ \sin(\pi/4) \end{pmatrix} \circ \begin{pmatrix} -\sin(\pi/4) \\ \cos(\pi/4) \end{pmatrix} = 0$$

Das Konzept des Tangentialvektors macht also Sinn, jedoch haben etwa konzentrische Kreise auf jeder Radiallinie parallel verlaufende Tangetialvektoren, obwohl der Kreis mit kleinerem Radius eine stärkere *Krümmung* besitzt. Diese Krümmung – eine individuelle dynamische Größe jeder Kurve – ist durch den Tangentialvektor noch nicht erfasst. Ein Maß für die Krümmung κ ist die Winkeldifferenz zweier Tangentialvektoren, bezogen auf die Bogenlänge

$$\kappa = \frac{\Delta\alpha}{\Delta s} = \frac{1}{R} = konstant$$

denn beim Teilkreis ist

$$\Delta s = 2 \cdot \pi \cdot R \cdot \frac{\Delta\alpha}{360°}$$

und somit

$$\frac{\Delta s}{\Delta\alpha} = \frac{2 \cdot \pi \cdot R}{360°} = R$$

Merke: Kreise sind Linien konstanter Krümmung

Im allgemeinen Fall einer Kurve liegt also keine konstante Krümmung vor. Es läßt sich aber für kleine Bereiche die Kurve durch eine Kreislinie anschmiegen; dadurch ist die Krümmung näherungsweise konstant.

3.1.1 Mittlere Krümmung der Funktion $t \rightarrow (t, \sqrt{t})$ im Intervall $[1:3]$

Strategie:

1. Bestimme die Tangentialvektoren für $t = 1$ und für $t = 3$.

2. Ermittle den Schnittpunkt der orthogonalen Geraden in konvexer Richtung.

3. Beide Abstände *Berührpunkt - Schnittpunkt* gemittelt ergeben den Radius des Schmiege-
   kreises.

4. Vergleiche mit der exakten Formel für die Krümmung.

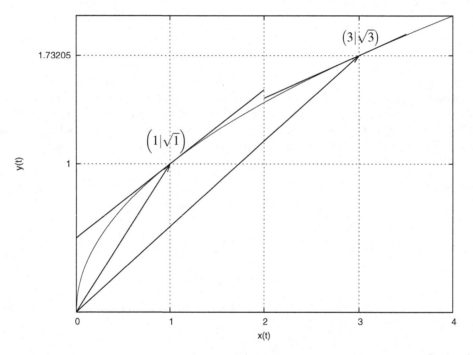

Abbildung 3.2 : Die Wurzelfunktion $t \rightarrow (t, \sqrt{t})$ in zweidimensionale Kurvendarstellung mit Ortsvektoren $\vec{p}(1)$ und $\vec{p}(3)$
sowie zugehörigen Tangentialvektoren.

1. Mit $\vec{p}(t) = \begin{pmatrix} t \\ \sqrt{t} \end{pmatrix}$ gilt $\vec{p}(t) = \begin{pmatrix} 1 \\ \frac{1}{2\sqrt{t}} \end{pmatrix}$ und damit haben die beiden Tangentialvek-

   toren die Richtungen $\vec{p}(1) = \begin{pmatrix} 1 \\ \frac{1}{2} \end{pmatrix}$ und $\vec{p}(3) = \begin{pmatrix} 1 \\ \frac{1}{2\sqrt{3}} \end{pmatrix}$, dies entspricht Winkeln

$\alpha_1 = 26.56°$ und $\alpha_2 = 16.10°$, $\Delta\alpha = -10.46°$.

2. Die Richtungen der orthogonalen Geraden ergeben sich zu $m_{t=1} = -2$ und $m_{t=3} = -3.465$, sie schneiden sich in $\vec{S} = \begin{pmatrix} 6.23 \\ -9.46 \end{pmatrix}$.

3. $R = 11.671$, der Schmiegekreis hat die Parameterform $\vec{K}(t) = 11.694 \cdot \begin{pmatrix} \cos(t) \\ \sin(t) \end{pmatrix} + \begin{pmatrix} 6.23 \\ -9.46 \end{pmatrix}$

4. $\widetilde{\kappa} = R^{-1} = 0.0855$

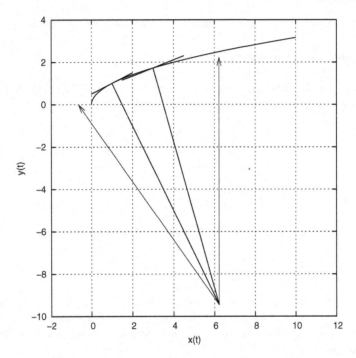

Abbildung 3.3 : Schmiegekreis $\vec{K}(t) = 11.694 \cdot \begin{pmatrix} \cos(t) \\ \sin(t) \end{pmatrix} + \begin{pmatrix} 6.23 \\ -9.46 \end{pmatrix}$, an die Kurve $t \to (t, \sqrt{t})$ ermittelt über $[1:3]$.

3.2 Allgemeine Raumkurven

Um eine krumme Linie im Raum zu erzeugen, parametrisiert man eine Kurve des 2D und läßt den Parameter in der dritten Dimension einfach »mitlaufen«, bis zur gewünschten Höhe. Als Beispiel einer solchen Raumkurve *ziehen* wir eine Parabel, die explizit die Gleichung $f(x) = 0.5 \cdot x^2$ besitzt, im Intervall $[0;2]$ um vier Längeneinheiten in die Höhe. Diese krumme Linie verläuft also von $(0|0|0)$ bis zum Punkt $(2|2|4)$. In Parameterform mit Parameter t beschreibt man die gewünschte Punktmenge wie folgt

$$\begin{pmatrix} x(t) \\ y(t) \\ z(t) \end{pmatrix} = \begin{pmatrix} t \\ 0.5 \cdot t^2 \\ 2 \cdot t \end{pmatrix}_{0 \leq t \leq 2}$$

wie man leicht nachrechnet. An dieser einfachen Kurve sind zwei Dinge zu untersuchen:

1. Berechnung der Kurvenlänge

2. Berechnung ihrer Steigung in Abhängigkeit vom Parameter t gegen die $x_1 - x_2 - Ebene$.

3.2.1 Länge der Raumkurve

Zur Berechnung der Kurvenlänge benötigen wir sehr kurze Teilstücke $\vec{dS}$, deren Längen addiert die Kurvenlänge annähern. Jedes einzelne $\vec{dS}$ hat die Gestalt

$$\vec{dS} = \begin{pmatrix} x(t + \triangle t) - x(t) \\ y(t + \triangle t) - y(t) \\ z(t + \triangle t) - z(t) \end{pmatrix}$$

somit

$$|\vec{dS}| = \sqrt{(x(t + \triangle t) - x(t))^2 + (y(t + \triangle t) - y(t))^2 + (z(t + \triangle t) - z(t))^2}$$

Für $\triangle t = 0.02$ erhalten wir zunächst 100 Teilstücke $\vec{dS}$, die wir in einer *for-Schleife* wie folgt berechnen:

$$dS[i] = \sqrt{(x((i+1) \cdot dt) - x(i \cdot dt))^2 + \ldots + (z((i+1) \cdot dt) - z(i \cdot dt))^2}$$

Bei dieser Diskretisierung erhalten wir für die Kurvenlänge $S = 5.011\ldots$ Die Pünktchen sollen aufzeigen, daß bei feinerer Diskretisierung die Änderung des Ergebnisses nur nach der 4. Stelle nach dem Komma erfolgt. Zum Vergleich: die geradlinige Verbindung der Punkte $(0|0|0)$ und $(2|2|4)$ besitzt die Länge $L = 4.898\ldots$

3.2.2 Steigung der Raumkurve

Zur Berechnung der Steigung der Kurve gegen die $x_1 - x_2 - Ebene$ konstruieren wir für verschiedene Werte des Kurvenparameters t die Tangentialvektoren und berechnen die spitzen Winkel mit der horizontalen Projektion dieser Tangentialvektoren. Zunächst haben Tangentialvektoren an die Kurve für $0 \leq t \leq 2$ die Richtung

$$\vec{R_{f_t}}(x(t); y(t); z(t)) = \begin{pmatrix} x'(t) \\ y'(t) \\ z'(t) \end{pmatrix} = \begin{pmatrix} 1 \\ t \\ 2 \end{pmatrix}$$

Jeder einzelne Tangentialvektor $\overrightarrow{T_{f_t}}$ hat also die Gestalt

$$\overrightarrow{T_{f_t}} = \begin{pmatrix} x(t) \\ y(t) \\ z(t) \end{pmatrix} + k \cdot \begin{pmatrix} 1 \\ t \\ 2 \end{pmatrix}$$

mit Längenfaktor $k \neq 0$.

Wählt man $t = 1$ und $t = 1.5$ sowie mit Längenfaktor $k = \pm 0.5$, so ergeben sich die beiden Tangentialvektoren

$$\overrightarrow{T_{1.0}} = \begin{pmatrix} 1 \\ 0.5 \\ 2 \end{pmatrix} \pm 0.5 \cdot \begin{pmatrix} 1 \\ 1 \cdot 1 \\ 2 \end{pmatrix}$$

und

$$\overrightarrow{T_{1.5}} = \begin{pmatrix} 1.5 \\ 1.125 \\ 3 \end{pmatrix} \pm 0.5 \cdot \begin{pmatrix} 1 \\ 1 \cdot 1.5 \\ 2 \end{pmatrix}$$

Diese Vektoren mit ihren vertikalen Projektionen zeichnet man in die bestehende Grafik, in dem man die GNUPLOT-Befehle

Programm 3.2: Vektoren zeichnen mit Gnuplot

```
set arrow   head from 1.0 , 0.5   , 2.0 to 1.5 ,   1.0 , 3.0
set arrow nohead from 1.0 , 0.5   , 2.0 to 0.5 ,   0.0 , 1.0
set arrow   head from 1.5 , 1.125 , 3.0 to 2.0 , 1.875 , 4.0
set arrow nohead from 1.5 , 1.125 , 3.0 to 1.0 , 0.375 , 2.0
set label 'T_{1.0}' at 1.5 ,   1.0 , 3.0
set label 'T_{1.5}' at 2.0 , 1.875 , 4.0
set arrow nohead from 1.0 , 0.5   , 2.0 to 1.5 ,   1.0 , 2.0
set arrow nohead from 1.5 , 1.125 , 3.0 to 2.0 , 1.875 , 3.0
set arrow nohead from 1.5 , 1.0   , 2.0 to 1.5 ,   1.0 , 3.0
set arrow nohead from 2.0 , 1.875 , 3.0 to 2.0 , 1.875 , 4.0
```

in die untenstehende Befehlsdatei eingibt. Man rechnet nun leicht für beide Vektoren die Steigungswinkel aus. Es ist für $\overrightarrow{T_{1.0}}$

$$\alpha_{1.0} = \cos^{-1} \frac{\begin{pmatrix} 1.5 \\ 1 \\ 3 \end{pmatrix} \odot \begin{pmatrix} 1.5 \\ 1 \\ 0 \end{pmatrix}}{\left| \begin{matrix} 1.5 \\ 1 \\ 3 \end{matrix} \right| \cdot \left| \begin{matrix} 1.5 \\ 1 \\ 0 \end{matrix} \right|} = 58.9°$$

und für $\overrightarrow{T_{1.5}}$

$$\alpha_{1.5} = \cos^{-1} \frac{\begin{pmatrix} 2 \\ 1.875 \\ 4 \end{pmatrix} \odot \begin{pmatrix} 2 \\ 1.875 \\ 0 \end{pmatrix}}{\left| \begin{matrix} 2 \\ 1.875 \\ 4 \end{matrix} \right| \cdot \left| \begin{matrix} 2 \\ 1.875 \\ 0 \end{matrix} \right|} = 55.5°$$

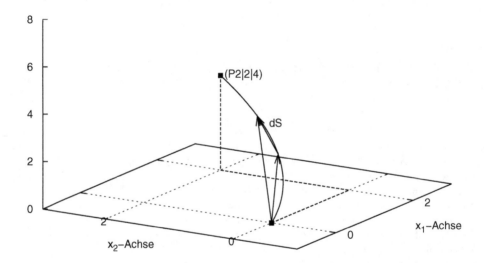

Abbildung 3.4 : Die Parabel $\begin{pmatrix} t \\ 0.5 \cdot t^2 \\ 2 \cdot t \end{pmatrix}_{0 \leq t \leq 2}$ im Dreidimensionalen zwischen den Punkten $(0|0|0)$ und $(2|2|4)$.

Die beiden eingezeichneten Pfeile sind Ortsvektoren für $t = 1.0$ und $t = 1.5$. Somit lautet der Differenz-Vektor $\overrightarrow{dS} = \begin{pmatrix} 1.5 - 1.0 \\ 1.125 - 0.5 \\ 2.0 - 1.0 \end{pmatrix} = \begin{pmatrix} 0.5 \\ 0.625 \\ 1.0 \end{pmatrix}$. Hier ist $\triangle t = 0.5$. Das ist für zeichnerische Zwecke sinnvoll, zur numerischen Berechnung der Kurvenlänge müssen aber sehr viele, kürzere Teilstücke dS erzeugt und addiert werden.

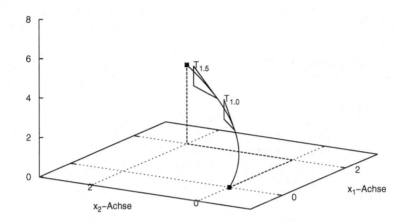

Abbildung 3.5 : Hier sieht man, wie die beiden Tangentialvektoren $\overrightarrow{T_{1.0}} = \begin{pmatrix} 1 \\ 0.5 \\ 2 \end{pmatrix} + 0.5 \cdot \begin{pmatrix} 1 \\ 1 \cdot 1 \\ 2 \end{pmatrix}$ und $\overrightarrow{T_{1.5}} = \begin{pmatrix} 1.5 \\ 1.125 \\ 3 \end{pmatrix} + 0.5 \cdot \begin{pmatrix} 1 \\ 1 \cdot 1.5 \\ 2 \end{pmatrix}$ die Kurve in den entsprechenden Punkten *berühren*. Zusätzlich eingezeichnet sind die Projektionen gegen die Horizontale sowie die vertikalen Verbindungsstücke – man hat somit zwei Steigungsdreiecke, für die man die Steigungswinkel berechnen kann!

Programm 3.3: Programm zur Berechnung der Bogenlänge einer Raumkurve

```
#include <stdio.h>
#include <stdlib.h>
#include <math.h>
#define N 100
#define dt 0.02
double x_t( double a )
{
   return ( a );
}
double y_t( double a )
{
```

```c
    return ( 0.5 * a * a );
}
double z_t( double a )
{
    return ( 2 * a );
}
int main( void )
{
    int i = 0;
    double dS[N]; double S=0.0;
    for( i = 0 ; i < N ; i++ )
    {
        dS[i] = sqrt( (x_t((i+1)*dt) - x_t(i*dt)) * \
                      (x_t((i+1)*dt) - x_t(i*dt)) + \
                      (y_t((i+1)*dt) - y_t(i*dt)) * \
                      (y_t((i+1)*dt) - y_t(i*dt)) + \
                      (z_t((i+1)*dt) - z_t(i*dt)) * \
                      (z_t((i+1)*dt) - z_t(i*dt)) );
        S    += dS[i];
    }
    printf("%lf\n",S);
    return( EXIT_SUCCESS );
}
```

Programm 3.4: Darstellung der Binomialkoeffizienten zur Erzeugung von Abb. 7.2

```
unset key
set style line 1 lt 1 lw 2
set style line 3 lt 2 lw 2
x_min = -1.0
x_max =  3.0
y_min = -1.0
y_max =  3.0
z_min =  0.0
z_max =  8.0
set xrange [x_min:x_max]
set yrange [y_min:y_max]
set zrange [z_min:z_max]
set ticslevel 0
set xtics 2.0
set ytics 2.0
set ztics 2.0
set xlabel 'x_1-Achse'
set ylabel 'x_2-Achse'
set view 68.0 , 301.0
set parametric
splot [0.0:2.0] u , 0.5*u*u,2*u ls 1
```

```
replot 'daten/raumkurve_pts.csv' with points 5.0
set arrow nohead from 0,0,0 to 2,0,0 ls 3
set arrow nohead from 2,0,0 to 2,2,0 ls 3
set arrow nohead from 2,2,0 to 2,2,4 ls 3
set arrow head from 0,0,0 to 1.0 , 0.5 , 2.0
set arrow head from 0,0,0 to 1.5 , 1.125 , 3.0
set arrow nohead from 1.0 , 0.5 , 2.0 to 1.5 , 1.125 , 3.0
set label 'dS' at 1.8 , 1.125 , 2.5
set label '(P2|2|4)' at 2.1 , 2.0 , 4.0
set terminal postscript enhanced colour
set output 'abbildungen/raumkurve.eps'
replot
set output
set terminal x11
```

3.2.3 Parabolspiegel im 2D

Wir betrachten eine um 90° im Uhrzeigersinn gedrehte Normalparabel. Die Punkte dieser Kurve können beschrieben werden durch

$$\begin{pmatrix} x(t) \\ y(t) \end{pmatrix} = \begin{pmatrix} t^2 \\ t \end{pmatrix}_{-3 \leq t \leq 3}$$

Für parallel zur x-Achse einfallende Lichtstrahlen soll der Schnittpunkt der im Inneren der Parabel reflektierten Strahlen bestimmt werden. Wir werden sehen, daß jede Parabel genau einen Brennpunkt bereithält – übrigens im Gegensatz zum Kreis. Zur Konstruktion dieses Brennpunktes kommen zwei fundamentale Gesetze zur Anwendung:

1. das Reflexionsgesetz der Strahlenoptik,

2. in jedem Punkt lässt sich eine krumme Linie durch ihre dortige Tangente ersetzen.

Ein durch eine Gerade beschriebener Lichtstrahl trifft also auf eine Tangente – der Einfallswinkel wird gegen das Lot, gegen die Normale der Tangente gemessen – und wird unter gleichem Winkel auf der anderen Seite der Normale zurückgeworfen (reflektiert).

In Abbildung 3.6 treffen Lichtstrahlen die inneren Punkte $\begin{pmatrix} 1 \\ -\sqrt{1} \end{pmatrix}$ und $\begin{pmatrix} 2 \\ \sqrt{2} \end{pmatrix}$.

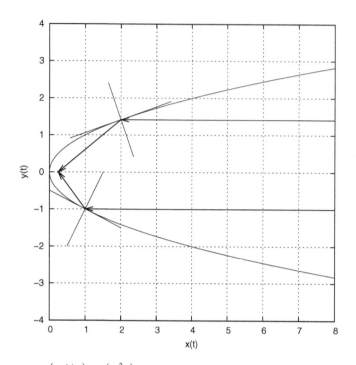

Abbildung 3.6 : Die Parabel $\begin{pmatrix} x(t) \\ y(t) \end{pmatrix} = \begin{pmatrix} t^2 \\ t \end{pmatrix}_{-3 \leq t \leq 3}$ .Von links eintretende Lichtstrahlen werden zu einem gemeinsamen Punkt gelenkt.

In folgenden Schritten wird der gemeinsame Schnittpunkt der reflektierten Strahlen bestimmt:

1. Bestimme für jeden der zwei Punkte den Tangentialvektor.

2. Hieraus ergeben sich eindeutig die Richtungen der Normalen.

3. Bestimme die Winkel zwischen den einfallenden Strahlen und den Normalen.

4. Hieraus ergeben sich Vektorgleichungen der reflektierten Strahlen.

5. Berechne den Schnittpunkt dieser Geraden.

1. Die Parabel wird beschrieben durch $\begin{pmatrix} x(t) \\ y(t) \end{pmatrix} = \begin{pmatrix} t^2 \\ t \end{pmatrix}$, Tangentialvektor $\vec{T}$ und Nor-

malenvektor $\vec{N}$ haben in jedem Punkt der Kurve die Gestalt

$$\vec{T} = \begin{pmatrix} x'(t) \\ y'(t) \end{pmatrix} = \begin{pmatrix} 2 \cdot t \\ 1 \end{pmatrix}, \vec{N} = \begin{pmatrix} -\frac{1}{2 \cdot t} \\ 1 \end{pmatrix}$$

Im Punkt $\begin{pmatrix} 1 \\ -\sqrt{1} \end{pmatrix}$ ergibt sich die Richtung $r \cdot \begin{pmatrix} -2 \\ 1 \end{pmatrix}$ und im Punkt $\begin{pmatrix} 2 \\ \sqrt{2} \end{pmatrix}$ ergibt sich die Richtung $s \cdot \begin{pmatrix} 2 \cdot \sqrt{2} \\ 1 \end{pmatrix}$.

2. Der zur ersten Richtung orthogonale Vektor lautet $r' \cdot \begin{pmatrix} 0.5 \\ 1 \end{pmatrix}$, denn $\begin{pmatrix} -2 \\ 1 \end{pmatrix} \odot \begin{pmatrix} 0.5 \\ 1 \end{pmatrix} = -1 + 1 = 0$,

für die zweite Richtung folgt $s' \cdot \begin{pmatrix} -\frac{1}{2 \cdot \sqrt{2}} \\ 1 \end{pmatrix}$.

3. Die Lichtstrahlen nehmen die Richtung $k \cdot \begin{pmatrix} -1 \\ 0 \end{pmatrix}$. Zwischen der Normalen und der Richtung des Lichtes berechnet man den spitzen Winkel zu

$$\alpha = \cos^{-1} \left[\frac{\begin{pmatrix} 1 \\ 0 \end{pmatrix} \odot \begin{pmatrix} 0.5 \\ 1 \end{pmatrix}}{1 \cdot 1.1180} \right] = 63.4340°$$

und

$$\beta = \cos^{-1} \left[\frac{\begin{pmatrix} 1 \\ 0 \end{pmatrix} \odot \begin{pmatrix} \frac{1}{2 \cdot \sqrt{2}} \\ 1 \end{pmatrix}}{1 \cdot 1.0606} \right] = 70.5276°$$

4. Der im Punkt $\begin{pmatrix} 1 \\ -\sqrt{1} \end{pmatrix}$ reflektierte Strahl hat die Richtung

$$l \cdot \begin{pmatrix} 1 \\ -\tan(53.132°) \end{pmatrix} = l \cdot \begin{pmatrix} 1 \\ -1.3334 \end{pmatrix}$$

und damit die Gleichung $\begin{pmatrix} 1 \\ -\sqrt{1} \end{pmatrix} + l \cdot \begin{pmatrix} 1 \\ -1.3334 \end{pmatrix}$.

Der im Punkt $\begin{pmatrix} 2 \\ \sqrt{2} \end{pmatrix}$ reflektierte Strahl hat die Richtung

$$m \cdot \begin{pmatrix} 1 \\ \tan(38.9448°) \end{pmatrix} = m \cdot \begin{pmatrix} 1 \\ 0.80819 \end{pmatrix}$$

und damit die Gleichung $\begin{pmatrix} 2 \\ \sqrt{2} \end{pmatrix} + m \cdot \begin{pmatrix} 1 \\ 0.80819 \end{pmatrix}$.

5. Nach Gleichsetzen der Parameterterme erhält man die Ergebnisse $l = -0.7499$ und $m = -1.7499$

und damit den Schnittpunkt $\vec{S} = \begin{pmatrix} 0.25 \\ 0 \end{pmatrix}$.

l	m	
1	-1	1
-1.3334	-0.80819	2.41421

Tabelle 3.1 : Mit Hilfe dieser 2×3 - Koeffizientenmatrix lassen sich die Parameter l und m und damit die Koordinaten des Schnittpunktes $\vec{S}$ berechnen.

3.2.4   Schräger Wurf nach oben

Zur Konstruktion der sog. Wurfparabel bedient man sich des empirischen Gesetzes der ungestörten Superposition (Überlagerung) von Bewegungen. Wenn man einen Gegenstand schräg nach oben wirft, also mit Winkel $\alpha > 0$ gegen die Horizontale, so erteilt man ihm (durch Kraftstoß) eine Geschwindigkeit v_0, die man in eine horizontale – $v_{0,x}$ – und eine vertikale Geschwindigkeitskomponente – $v_{0,y}$ – zerlegen kann.

$$v_{0,x} = v_0 \cdot \cos(\alpha)$$

und

$$v_{0,y} = v_0 \cdot \sin(\alpha)$$

Die Horizontalkomponente der Bewegung ist geradlinig-gleichförmig und die Vertikalkomponente ist zusammengesetzt aus einer geradlinig-gleichförmigen Bewegung nach oben und einer gleichmässig beschleunigten Bewegung nach unten – denn der Körper mit Masse unterliegt der näherungsweise konstanten Gravitationskraft des größeren Körpers *Erde*.

Der gemeinsame Parameter ist die Zeit $t > 0$, d.h. für jeden Wert von t gibt es genau zwei Zahlen $[x(t), y(t)]$, die Ortskoordinaten des Körpers, die sich wie folgt berechnen lassen:

$$\begin{pmatrix} x(t) \\ y(t) \end{pmatrix} = \begin{pmatrix} v_{0,x} \cdot t \\ v_{0,y} \cdot t - 0.5 \cdot g \cdot t^2 \end{pmatrix}$$

Durch Eliminierung der Zeit t erhält man

$$y(x) = \frac{v_{0,y}}{v_{0,x}} \cdot x - 0.5 \cdot g \cdot \frac{x^2}{v_{0,x}^2}$$

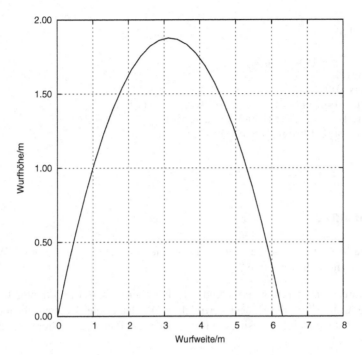

Abbildung 3.7 : Schräger Wurf eines Körpers mit $v_0 = 8\frac{m}{s}$ und $\alpha = 50°$. Hier sind im Parameter -Modus die Befehle *set parametric, plot* $[0 : 20]v_0 \cdot 0.6427 \cdot t, v_0 \cdot 0.7660 \cdot t - 5 \cdot g \cdot t^2$ geschrieben. Die maximale Wurfhöhe ergibt sich zu $y(x_s) = 1.91m$.

Diese explizite Gleichung einer nach unten geöffneten Parabel läßt sich differenzieren und man findet den x-Wert des Hochpunktes zu $x_S = \frac{v_{0,y}}{v_{0,x}} \cdot \frac{v_{0,x}^2}{g}$.

Programm 3.5: Gnuplot - Skript zur Darstellung des schrägen Wurfes in Abb. 3.7

```
reset
set size square
unset key
set grid
set style line 1 lt 1 lw 2
v0 = 8
x_min = 0
x_max = 8
y_min = 0
y_max = 2
set xrange [x_min:x_max]
set yrange [y_min:y_max]
```

```
set  xtics  1.0
set  ytics  1.0
set  ylabel  'Wurfhöhe /m'
set  xlabel  'Wurfweite /m'
set  parametric
set  samples  100
plot  [0:5]  v0*0.6427*t  ,v0*0.7660*t  −  5*t*t  ls  1
set  terminal  postscript  enhanced  colour
set  output  'abbildungen / wurf.eps'
replot
set  terminal  x11
```

3.3 Übungen

1. Für die in Übung 2.6.4. gewonnene Kreislinie berechne die Krümmung. Wie lautet die Parameterform dieser Kurve ?

2. Eine durch den Ursprung verlaufende Parabel 2. Grades, mit Formfaktor 1, soll über der Fläche $[0;3] \otimes [0;9]$ die Höhe 10 errreichen. Wie lautet die Parameterform dieser Krümmung? Welche Steigung besitzt die Kurve über dem Punkt $(2|4)$? Berechne die Länge der Kurve.

3. Ein Projektil werde reibungsfrei unter dem Winkel $\alpha = 30°$ mit $v_0 = 300\frac{m}{s}$ abgeschossen. Berechne seine Bahnlänge. Welchen Weg legt das Geschoss in den ersten 2.5 Sekunden zurück ?

Kapitel 4

Ebenen und Flächen im 3D

4.1 Ebenen: Flächen ohne Krümmung

Ebenen im Raum konstruiert man durch Linearkombination zweier Vektoren. Sehr anschaulich ist die Parameter-Darstellung einer solchen Punktmenge. Man wählt einen Stützvektor zwischen Ursprung des Koordinatensystems und der Ebene, sowie zwei Spannvektoren, die nicht parallel oder antiparallel zueinander verlaufen – die also linear unabhängig sind – und addiert beliebige Vielfache des einen zu beliebigen Vielfachen des anderen Vektors. Die so gewonnenen Punkte bilden eine Ebene. Als Beispiel seien der Stützvektor

$$\overrightarrow{OA} = \begin{pmatrix} 2 \\ 3 \\ 4 \end{pmatrix}$$

und die Spannvektoren gegeben durch $\overrightarrow{AB}$ und $\overrightarrow{AC}$ mit $B(1|2|3)$ und $C(3|2|4)$, somit

$$E_{ABC} : \begin{pmatrix} x_1 \\ x_2 \\ x_3 \end{pmatrix} = \begin{pmatrix} 2 - r + s \\ 3 - r - s \\ 4 - r \end{pmatrix} \qquad (4.1)$$

mit reellen Parametern $r \neq 0$ und $s \neq 0$. Die Vektorgleichung 4.1 ist gleichwertig zu dem Linearen Gleichungssystem (LGS)

$$x_1 = 2 - r + s$$
$$x_2 = 3 - r - s$$
$$x_3 = 4 - r$$

das man durch Eliminierung der Parameter zu *einer* Koordinatengleichung umformen kann:

$$x_3 = 0.5 \cdot x_1 + 0.5 \cdot x_2 + 1.5 \qquad (4.2)$$

Gleichungen 4.1 und 4.2 beschreiben ein - und dieselbe Punktmenge. Für *GNUPLOT* ist im dreidimensionalen *splot* die $x_3 - Komponente$ gleich z, und wird nicht benannt. Der Befehl zum Zeichnen der Punktmenge $x_3 = 0.5 \cdot x_1 + 0.5 \cdot x_2 + 1.5$ lautet einfach *splot* $0.5 \cdot x + 0.5 \cdot y + 1.5$, und wird nach Komma hinter den Befehl zum Zeichnen der drei Punkte geschrieben. *splot* steht vermutlich für space-plot, also räumliches Zeichnen.

4.1.1 Übungen

1. Ermittle die Schnittgeraden der Ebene $x_3 = 0.5 \cdot x_1 + 0.5 \cdot x_2 + 1.5$ mit den Randebenen $E_{x_1 x_3}$ und $E_{x_2 x_3}$ sowie mit $E_{x_1 x_2}$.

2. Ermittle die Durchstoßpunkte der drei Koordinatenachsen durch die Ebene $x_1 + 2 \cdot x_2 + x_3 = 3$. Stelle grafisch dar. Berechne den kürzesten Abstand der Ebene zum Koordinatenursprung.

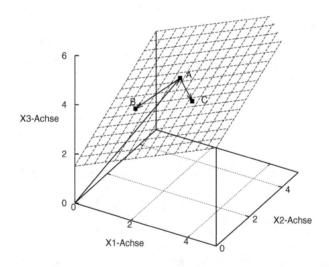

Abbildung 4.1 : Durch Stützvektor und zwei Spannvektoren erreicht man jeden Punkt der Ebene E_{ABC} : $x_3 = 0.5 \cdot x_1 + 0.5 \cdot x_2 + 1.5$

Programm 4.1: Gnuplot - Skript zur Darstellung der Ebene in Abb. 4.1

```
reset
set size square
unset key
set grid
x_min = 0
x_max = 6
y_min = 0
y_max = 6
z_min = 0
z_max = 6
set xrange [x_min:x_max]
set yrange [y_min:y_max]
set zrange [z_min:z_max]
set xtics 3
set ytics 3
set ticslevel 0.0
set xlabel 'X1-Achse'
set ylabel 'X2-Achse'
set zlabel 'X3-Achse'
set isosamples 30
splot 'daten/pts_surface.csv' with points 5.0,\
      0.5*x+0.5*y+1.5
set arrow head from 0.0,0.0,0.0 to 2.0,3.0,4.0
set arrow head from  2,  3,  4 to  1,  2,  3
set arrow head from  2,  3,  4 to  3,  2,  4
set terminal postscript enhanced colour
set output 'abbildungen/surface.eps'
replot
set output
set terminal x11
```

4.2 Flächen haben Krümmungen

Zur Erzeugung einer Punktmenge deren Bild im Raum nicht eben ist, wählt man eine nicht-lineare Kombination zweier Vektoren. In beliebiger Abwandlung von 4.2 erhält man etwa

$$x_3 = (0.25 \cdot x_1^3 - x_1^2 + 1) \cdot (0.25 \cdot x_2^3 - x_2^2 + 1)$$

Diese vielfältig gekrümmte Fläche sieht jedenfalls interessanter aus, also eine Ebene. Wir wollen zur Charakterisierung dieser Punktmenge die in den betrachteten Intervallen $-3 \leq x_1 \leq 4$ und $-3 \leq x_2 \leq 4$ sowie $-4 \leq x_3 \leq 4$ lokal größten und kleinsten Punkte – also ihre lokalen Extrema – finden.

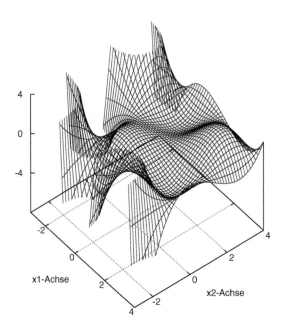

Abbildung 4.2 : Bild der zweidimensionalen Funktion $f(x_1;x_2) = (0.25 \cdot x_1^3 - x_1^2 + 1) \cdot (0.25 \cdot x_2^3 - x_2^2 + 1)$, d.h. eine Funktion von zwei unabhängigen Veränderlichen hat eine Darstellung als Fläche im Raum.

Programm 4.2: Gnuplot - Skript zur Darstellung einer zweidimensionalen Funktion in Abb. 4.2

```
reset
set size square
unset key
set grid
x_min = −3
x_max =   4
y_min = −3
y_max =   4
set xrange [x_min:x_max]
set yrange [y_min:y_max]
set zrange [−4:4]
set xtics 2
set ytics 2
set ztics 4
set xlabel 'x1−Achse'
set ylabel 'x2−Achse'
set view 44.0 , 51.0
```

i	j	f[i][j]
0	0	1,0000
0	2,65	-1,3700
0	3,95	0,8049
2,65	0	-1,3700
2,65	2,65	1,8771
2,65	3,95	-1,1028
3,95	0	0,8049
3,95	2,65	-1,1028
3,95	3,95	0,6479

Tabelle 4.1 : Ergebnis der Suche nach den Hoch - und Tiefpunkten der Fläche $f(x_1;x_2) = (0.25 \cdot x_1^3 - x_1^2 + 1) \cdot (0.25 \cdot x_2^3 - x_2^2 + 1)$.

```
set  isosamples  50
splot  (0.25*x**3−x**2+1)*(0.25*y**3−y**2+1)
set  terminal  postscript  enhanced  colour
set  output  'abbildungen/surface2.eps'
replot
set  output
set  terminal  x11
```

Damit wir diese Fläche numerisch bearbeiten können, brauchen wir Zugriff auf jeden einzelnen Punkt $[x|y|f(x;y)]$. Hierzu definieren wir eine $140 \otimes 140 - Matrix$ f[140][140], deren Zeilen und Spalten in C von 0...139 indiziert sind. Hier wird Platz für 19600 Zahlen $f(x;y)$ geschaffen, wobei jeder einzelne Punkt durch zwei Indizes i, j angesprochen werden kann. Für ein lokales Minimum müssen etwa der linke und der rechte Nachbar sowohl in $i - Richtung$ als auch in $j - Richtung$ größer sein:

$$f[i][j] < f[i][j-1] \text{ und } f[i][j] < f[i][j+1]) \text{ und } (f[i][j] < f[i-1][j] \text{ und } f[i][j] < f[i+1][j]$$

Für ein lokales Maximum sind entsprechend die Relationszeichen umzudrehen. Man findet so 8 Extrema (siehe Tabelle 4.1).

Programm 4.3:   Programm zur Erzeugung der Oberflächendaten und zur Extrema - Suche

```c
#include <stdio.h>
#include <stdlib.h>
#include <math.h>
#define  N   140
#define dx  0.05
#define dy  0.05
double f_xy( double x , double y )
{
  return ( (0.25*x*x*x-x*x+1)*(0.25*y*y*y-y*y+1) );
}
int main( void )
{
  int i,j;
  double f[N][N];
  FILE *f_ptr = NULL;
  FILE *f_ptr_2 = NULL;
  f_ptr_2 = fopen("daten/extrem_dat.csv","w+");
  f_ptr   = fopen("daten/c_surface_dat.csv","w+");
  for ( i = 0 ; i < N ; i++ )
   for ( j = 0 ; j < N ; j++ )
     {
       f[i][j] =f_xy((-3+i*dx),(-3+j*dy));
       fprintf(f_ptr ,"%lf %lf  %lf\n",-3+i*dx,-3+j*dy,f[i][j]);
     }
  fclose( f_ptr );
  for ( i = 1 ; i < N ; i++)
   for ( j = 1 ; j < N ; j++ )
     {
       if ((( f[i][j]<f[i][j-1]&&f[i][j]<f[i][j+1]) &&
            ( f[i][j]<f[i-1][j]&&f[i][j]<f[i+1][j])
         || ( f[i][j]>f[i][j-1]&&f[i][j]>f[i][j+1]) &&
            ( f[i][j]>f[i-1][j]&&f[i][j]>f[i+1][j]))
           {
             fprintf(f_ptr_2 ,"%lf %lf  %lf\n",-3+i*dx,-3+j*dy,f[i][j]);
           }
     } /* Ende der j - Schleife */
    fclose( f_ptr_2 );
    return( EXIT_SUCCESS );
}
```

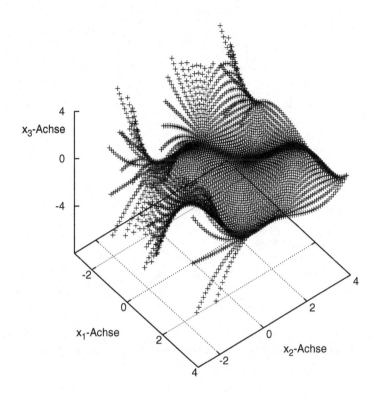

Abbildung 4.3 : Bild der Funktion $f(x_1;x_2) = (0.25 \cdot x_1^3 - x_1^2 + 1) \cdot (0.25 \cdot x_2^3 - x_2^2 + 1)$, als Ergebnis der Berechnung mit C. Hier sind nur 70^2 Punkte eingezeichnet.

4.3 Analytische Behandlung der Fläche

Wir suchen die lokalen Extrema der Funktion

$$f(x_1;x_2) = (0.25 \cdot x_1^3 - x_1^2 + 1) \cdot (0.25 \cdot x_2^3 - x_2^2 + 1) \qquad (4.3)$$

über der Ebene $E_{x_1 x_2}$ mit $-3 \leq x_1 \leq 4$ und $-3 \leq x_2 \leq 4$. Diese Funktion zweier Veränderlicher sollten wir analog zur eindimensionalen Analysis behandeln können: Nullstellen der ersten Ableitungsfunktion sind notwendig Stellen von Hoch- und Tiefpunkten, denn sonst wäre die gesamte Differentialrechnung im Eindimensionalen nur ein Spezialfall und eben keine universelle Theorie. Der Deutlichkeit halber ersetzen wir x_1 durch x und x_2 durch y, die Funktionswerte

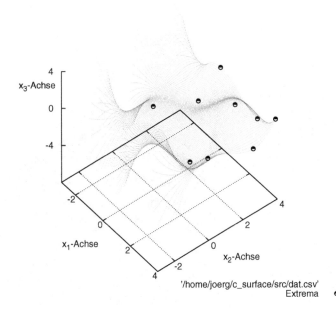

Abbildung 4.4 : Bild der Funktion $f(x_1;x_2) = (0.25 \cdot x_1^3 - x_1^2 + 1) \cdot (0.25 \cdot x_2^3 - x_2^2 + 1)$, als Ergebnis der Berechnung mit C. Hier sind 140^2 Punkte eingezeichnet, sowie die errechneten Minima und Maxima der Fläche.

heißen dann $f(x;y)$. Gleichung 4.3 lautet somit

$$f(x;y) = \frac{1}{16} \cdot x^3 \cdot y^3 + \frac{1}{4} \cdot (x^3 + y^3) - \frac{1}{4} \cdot (x^3 \cdot y^2 + x^2 \cdot y^3) + x^2 \cdot y^2 - x^2 - y^2 + 1 \qquad (4.4)$$

Wir haben keine andere Möglichkeit als superponierend – also überlagernd – die Funktion erst nach *einer* Veränderlichen zu differenzieren, bei konstanthalten der zweiten, und dann die Funktion nach der *anderen* Veränderlichen zu differenzieren, bei konstanthalten der ersten. Wir erhalten zunächst

$$f_x := f'(x;y = const.) = \frac{3}{16} \cdot x^2 \cdot y^3 + \frac{3}{4} \cdot x^2 - \frac{3}{4} \cdot x^2 \cdot y^2 - \frac{1}{2} \cdot x \cdot y^3 + 2 \cdot x \cdot y^2 - 2 \cdot x \qquad (4.5)$$

und

$$f_y := f'(x = const.;y) = \frac{3}{16} \cdot x^3 \cdot y^2 + \frac{3}{4} \cdot y^2 - \frac{1}{2} \cdot x^3 \cdot y - \frac{3}{4} \cdot x^2 \cdot y^2 + 2 \cdot x^2 \cdot y - 2 \cdot y \qquad (4.6)$$

wobei also f_x und f_y die Ableitungen nur nach einer Veränderlichen bezeichnen. Welche anschauliche Bedeutung aber haben diese teilweisen (partiellen) Ableitungen? In Analogie zum

Eindimensionalen ist die Zahl $f_x := f'(x_0; y_0)$ die Steigung der Tangenten in x-Richtung an die Fläche im Punkt $[x_0|y_0|f(x_0; y_0)]$. Dies machen wir uns anschaulich klar indem wir einen beliebigen Punkt der Fläche herausgreifen und beide Tangentensteigungen – beide Richtungsgrößen – berechnen und die Tangenten auch einzeichnen. Wir wählen den Punkt $([x_0|y_0|f(x_0; y_0)]) = (0.5|0.5|0.610352)$.
Man berechnet

$$f_x(0.5; 0.5) = -0.6347... \frown \alpha = -32.40° \; Steigung \; in \; x - Richtung$$

ebenso

$$f_y(0.5; 0.5) = -0.6347... \frown \alpha = -32.40° \; Steigung \; in \; y - Richtung$$

Wenn wir also auf dem Punkt $(0.5|0.5|0.610352)$ stehen, müssen wir eine Längeneinheit in Richtung der positiven x-Achse laufen, und den Anteil 0.6347... einer Längeneinheit nach unten! Dasselbe gilt für die Tangente in y-Richtung.

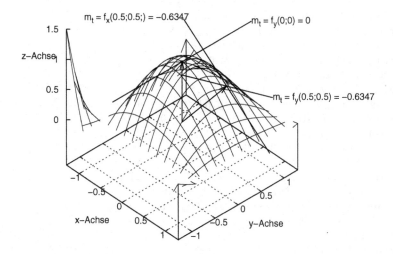

Abbildung 4.5 : Die Fläche $f(x; y) = \frac{1}{16} \cdot x^3 \cdot y^3 + \frac{1}{4} \cdot (x^3 + y^3) - \frac{1}{4} \cdot (x^3 y^2 + x^2 \cdot y^3) + x^2 \cdot y^2 - x^2 - y^2 + 1$ mit Tangenten in den Punkten $(0|0|0)$ und $(0.5|0.5|0.61)$.

Programm 4.4: Gnuplot - Skript zur Darstellung von Abb. 4.5 mit Tangenten

```
reset
set size square
unset key
set grid
x_min = −1.3
x_max =   1.3
y_min = −1.3
y_max =   1.3
set xrange [x_min:x_max]
set yrange [y_min:y_max]
set zrange [0:1.5]
set xtics 0.5
set ytics 0.5
set ztics 0.5
set xlabel 'x−Achse'
set ylabel 'y−Achse'
set zlabel 'z−Achse'
set view 53.0 , 47.0
set isosamples 15
splot (0.25*x**3−x**2+1)*(0.25*y**3−y**2+1), \
      'daten/extrem_dat.csv' with points pt 11
set arrow head from 0,0,0 to 0.5 , 0.5 , 0.61
set arrow head from 0,0,0 to 0,0,1
set arrow nohead from 0,0,1 to 0,1.5,1
set arrow nohead from 0,0,1 to 0,−1.5,1
set label 'm_t=f_y(0;0)=0' at 0,1.5,1
set arrow nohead from 0.5,0.5,0.61 to 0.5,1.5,−0.0247
set arrow nohead from 0.5,0.5,0.61 to 0.5,−0.5,1.2447
set label 'm_t=f_y(0.5;0.5)=−0.6347' at 0.5,1.5,−0.0247
set arrow nohead from 0.5,0.5,0.61 to 1.5,0.5,−0.0247
set arrow nohead from 0.5,0.5,0.61 to −0.5,0.5,1.2447
set label 'm_t=f_x(0.5;0.5;)=−0.6347' at −1.2,−1,1.6
set terminal postscript enhanced colour
set output 'abbildungen/surface2_extrem_tan2.eps'
replot
set output
set terminal x11
```

4.3.1 Anwendung: Pyramidenstumpf

Bei einer quadratischen Pyramide mit Grundseite $a = 2$ und Höhe $H = 4$ soll die Spitze abgeschnitten werden, so daß ein Pyramidenstumpf übrig bleibt, dessen Volumen noch 60% des ursprünglichen Pyramidenvolumen beträgt (siehe Abbildung 4.6). Man findet leicht, daß die Lösung dieser Aufgabe auf die Gleichung

$$V_{Stumpf} = V_{Stumpf}(h; a_2) = 3.2 = \frac{h}{3} \cdot (4 + 2 \cdot a_2 + a_2^2)$$

führt. Wir haben es also mit einer Gleichung in zwei Unbekannten zu tun, die darüberhinaus gewisse Randbedingungen erfüllen müssen: $0 < a_2 < 2$ und $h' + h = 4$. Zur numerischen Lösung dieser Gleichung und zur grafischen Darstellung der Werte für V_{Stumpf}, wählen wir eine zweidimensionale Matrix $pyr\_stumpf[40][40]$, in die wir Zahlen der Ebene

$$V(x; y) = \frac{x}{3} \cdot (4 + 2 \cdot y + y^2)$$

im Intervall $1 \leq x \leq 3$ und $0 \leq y \leq 2$ mit Schrittweiten $dx, dy = 0.05$ einschreiben. Das Volumen des verbleibenden Pyramidenstumpfes soll nun 3.2 betragen, wir suchen also Zahlen $pyr\_stumpf[i][j]$, deren Abstand zu 3.2 nahezu gleich Null ist:

$$|pyr\_stumpf[i][j] - 3.2| < 0.005$$

da wir die absolute Null für den Computer nicht darstellen können; dafür können wir aber durch die Schrittweite und die Abschätzung ein beliebig genaues Ergebnis erzielen.
Das Programm 4.5 berechnet $h = 2.05$ und $a_2 = 0.30$, und damit $V(h; a_2) = 3.204833 \approx 3.20$. Kandidaten für eine Lösung der Pyramidenstumpf - Aufgabe sind in Abbildung 4.7 dargestellt.

4.4 Übungen

1. Ermittle eine Parametergleichung für jeden der Tangentenvektoren im Punkt $(0.5|0.5|0.61)$ der Fläche $f(x; y) = \frac{1}{16} \cdot x^3 \cdot y^3 + \frac{1}{4} \cdot (x^3 + y^3) - \frac{1}{4} \cdot (x^3 \cdot y^2 + x^2 \cdot y^3) + x^2 \cdot y^2 - x^2 - y^2 + 1$. Zeige, daß diese Vektoren orthogonal zueinander sind.

2. Untersuche die Fläche $f(x; y) = x^3 + y^3 - x^2 + y + 2$ im Punkt $(1.5|1.5|f(1.5; 1.5))$. Stelle geeignet grafisch dar und zeichne die Tangentenvektoren ein.

3. Löse Gleichungen 4.5 und 4.6 numerisch, um die Extrema der Fläche über der Ebene $E_{x_1 x_2}$ mit $-3 \leq x_1 \leq 4$ und $-3 \leq x_2 \leq 4$ zu finden.

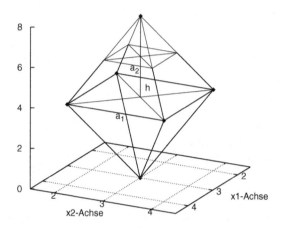

Abbildung 4.6 : Bei der oberen Pyramide soll die Spitze abgeschnitten werden, so daß ein Pyramidenstumpf der Höhe h übrig bleibt, der noch 60% des ursprünglichen Pyramidenvolumens besitzt. Dieses Problem führt auf eine Gleichung in zwei Unbekannten $V_{Stumpf} = V_{Stumpf}(h; a_2) = 3.2 = \frac{h}{3} \cdot (4 + 2 \cdot a_2 + a_2^2)$, die nur numerisch gelöst werden kann.

Programm 4.5: Programm zur Pyramidenstumpf-Aufgabe

```
#include <stdio.h>
#include <stdlib.h>
#include <math.h>
#define  N    40
#define  M    40
#define dx 0.05
#define dy 0.05
double pyr_st( double x , double y )
{
   return ( x / 3 * ( 4 + 2 * y + y * y ) );
}
int main( void )
{
   int  i = 0, j = 0;
   double pyr_stumpf[N][M]; /* Matrix mit N Zeilen und M Spalten */
   for ( i = 1 ; i < N ; i++ )
```

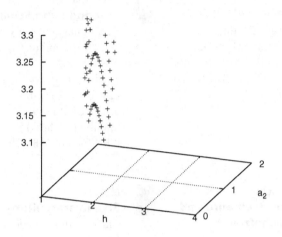

Abbildung 4.7 : Hier sind einige Kandidaten für die Lösung der Gleichung $V_{Stumpf}(h;a_2) \pm 0.1 = 3.2$ abgebildet. Die Punkte sind eine kleine Teilmenge der Fläche $V(x;y) - 3.2 = \frac{x}{3} \cdot (4 + 2 \cdot y + y^2) - 3.2$.

```
    {
       for ( j = 1 ; j < M ; j++ )
          {
             pyr_stumpf[i][j] = pyr_st( (1+i*dx) , (0+j*dy) );
             if ( fabs( pyr_stumpf[i][j] - 3.2 ) < 0.005 )
                {
                   printf( "%lf %lf %lf\n",1+i*dx,0+j*dy,pyr_stumpf[i][j]);
                }
          }
    }
 return( EXIT_SUCCESS );
}
```

Informationstechnik

Fricke, Klaus
Digitaltechnik
Lehr- und Übungsbuch für
Elektrotechniker und Informatiker
5., verb. u. akt. Aufl. 2007. XII, 318 S.
mit 210 Abb. u. 103 Tab. Br. EUR 26,90
ISBN 978-3-8348-0241-5

Kark, Klaus W.
Antennen und Strahlungsfelder
Elektromagnetische Wellen auf
Leitungen, im Freiraum und ihre
Abstrahlung
2., überarb. u. erw. Aufl. 2006. XVI,
424 S. mit 253 Abb. u. 79 Tab.
u. 125 Übungsaufg.
(Studium Technik) Br. EUR 34,90
ISBN 978-3-8348-0216-3

Küveler, Gerd / Schwoch, Dietrich
**Informatik für Ingenieure und
Naturwissenschaftler 2**
PC- und Mikrocomputertechnik,
Rechnernetze
5., vollst. überarb. u. akt. Aufl. 2007.
XII, 322 S. Br. EUR 29,90
ISBN 978-3-8348-0187-6

Meyer, Martin
Signalverarbeitung
Analoge und digitale Signale, Systeme
und Filter
4., überarb. u. erw. Aufl. 2006. X,
324 S. mit 161 Abb. u. 23 Tab.
(Studium Technik) Br. EUR 27,90
ISBN 978-3-8348-0243-9

Kammeyer, Karl Dirk /
Kroschel, Kristian
Digitale Signalverarbeitung
Filterung und Spektralanalyse
mit MATLAB-Übungen
6., korr. und erg. Aufl. 2006. XIV,
533 S. mit 312 Abb. u. 33 Tab.
Br. EUR 37,90
ISBN 978-3-8351-0072-5

Werner, Martin
**Digitale Signalverarbeitung mit
MATLAB**
Grundkurs mit 16 ausführlichen
Versuchen
3., vollst. überarb. u. akt. Aufl. 2006.
XII, 263 S. mit 159 Abb. u. 67 Tab.
(Studium Technik) Br. EUR 24,90
ISBN 978-3-8348-0043-5

**VIEWEG+
TEUBNER**

Abraham-Lincoln-Straße 46
65189 Wiesbaden
Fax 0611.7878-400
www.viewegteubner.de

Stand Januar 2008.
Änderungen vorbehalten.
Erhältlich im Buchhandel oder im Verlag.

Kapitel 5

Exponentialfunktion und die Zahl e

5.1 Herleitung der Funktion

Wir betrachten eine mit der Zeit t wachsende oder fallende Meßgröße $A = A(t)$. Man überwacht zum Beispiel ein Glas Wasser der Temperatur $T_0 = 50°C$ mit einem Thermometer und liest alle zwei Minuten die Temperatur ab.

Zur Zeit $t = t_0$ starten wir mit $A(t_0) = A_0$. Nach einem Zeitintervall Δt messen wir einen von A_0 verschiedenen Wert:

$$A(t_0 + \Delta t) = A_0 + b \cdot A_0 \cdot \Delta t \qquad (5.1)$$

Man sieht leicht, daß für Zerfall $b < 0$ sein muß, für Wachstum gilt $b > 0$. Der zweite Summand auf der rechten Seite ist die Abnahme oder der Zuwachs von A; Multiplikation mit Δt wird durch die Zeitabhängigkeit erzwungen: wenn Δt sehr klein ist, so hat sich A_0 nur geringfügig verändert. Mit 5.1 folgt sofort

$$\frac{A(t_i + \Delta t) - A(t_i)}{\Delta t} = b \cdot A(t_i), i = 0; 1; 2; 3; \ldots$$

oder

$$A'(t_i) = b \cdot A(t_i)$$

Die punktuelle Änderung von A zu jedem Zeitpunkt ist bis auf eine Konstante gleich der Funktion A selbst! Welche mathematische Gestalt muß die Funktion $A(t)$ besitzen, damit sie bis auf eine Konstante gleich ihrer ersten Ableitung ist? Hierzu gewinnen wir zunächst

$$A_1 = A(t_0 + \Delta t) = (1 + b \cdot \Delta t) \cdot A_0$$

und

$$A_2 = A(t_1 + \Delta t) = (1 + b \cdot \Delta t) \cdot A_1 = (1 + b \cdot \Delta t)^2 \cdot A_0$$

Als Beispiel erhält man für $\Delta t = 1s$, $b = -0,30 \cdot \frac{1}{s}$ und $A_0 = 100$: $A_1 = 70$ und $A_2 = 49$. In dieser Berechnung liegt eine Ungenauigkeit! Wir haben für zwei Zeitschritte Δt auch nur zwei

Startwerte: A_0 und A_1. Die Ungenauigkeit liegt in der Wahl von Δt.Machen wir uns unabhängig von der Größe von Δt, indem wir es unendlich klein machen, durch k-maliges *zer*-teilen, mit beliebig großem k:

$$lim_{k \to \infty} \frac{\Delta t}{k}$$

Dann ist

$$A_1 = A(t_0 + \frac{\Delta t}{k}) + A(t_0 + \frac{\Delta t}{k} + \frac{\Delta t}{k}) + \ldots = (1 + b \cdot \frac{\Delta t}{k})^k \cdot A_0$$

Aus unserem Beispiel wird für $k = 2$: $A_1 = (1 - \frac{0,30}{2})^2 \cdot 100 = 72,25$ und $A_2 = (1 - \frac{0,30}{2})^2 \cdot 72,25 = 52,20$ und für $k = 100$: $A_1 = 74,0484$ und $A_2 = 54,8317$. Für $k = 10.000$: $A_1 = 74,0817...$ und $A_2 = 54,8811...$

Frage: Gibt es eine Grenze der Genauigkeit?

Diese Grenze der Genauigkeit ist leicht zu erkennen, wenn wir zunächst $b = -1$ wählen. Es ist

$$A_1 = lim_{k \to \infty} (1 - \frac{1}{k})^k \cdot A_0 = 0,367879... \cdot 100 = e^{-1 \cdot 1} \cdot 100 = 36,7879...$$

und für unser Beispiel - $b = -0,30$ - ist

$$A_1 = lim_{k \to \infty} (1 - \frac{0,30}{k})^k \cdot A_0 = 0,7408... \cdot 100 = e^{-0,30 \cdot 1} \cdot 100 = 74,0818...$$

entsprechend

$$A_2 = 100 \cdot e^{-0,30 \cdot 2} = 54,8812...$$

Für unsere Beispielfunktion erhält man schließlich

$$A(t) = A_0 \cdot e^{-0.30 \cdot t} \tag{5.2}$$

5.1.1 Übung

1. Zeige, daß die Funktion $A(t) = A_0 \cdot e^{-0.30 \cdot t}$ eine Meßgröße beschreibt, deren Wert pro Zeitschritt um jeweils 25,92% sinkt, und daß diese Funktion gleich der Funktion

$$A(t) = A_0 \cdot (0.7408)^t \tag{5.3}$$

   ist.

2. Schreibe ein kleines Programm, welches den Grenzwert $lim_{k \to \infty} (1 + \frac{1}{k})^k$ ermittelt.

5.2 Besonderheit der *e*-Funktion

Nehmen wir an, eine Pflanze bringt zu Beginn ihres Wachstums einen Stängel aus dem Boden. Nach einer Zeiteinheit teilt sich dieser eine Trieb in zwei Triebe an der Spitze, von denen jeder nach erneut der gleichen Zeiteinheit zwei Triebe hervorbringt...usw. Die Anzahl Triebe pro Zeit ergibt eine Folge von Zahlen

$$1 \curvearrowright 2 \curvearrowright 4 \curvearrowright 8 \curvearrowright 16 \curvearrowright ... \curvearrowright 2^k \quad k \in \mathbb{Z} \qquad (5.4)$$

Wir sprechen hier von einem natürlichen Wachstum - weil wir in der Natur nichts anderes beobachten, selbst wenn pro Zeiteinheit jeweils 17 neue Triebe wachsen! Wie werden sehen, daß alle Wachstumsprozesse der Natur die gleiche eigenartige Dynamik besitzen, und daß es darüber hinaus kein stärkeres Wachstumsgesetz gibt. Zunächst kann man die diskreten Werte von 5.4 erhalten durch

$$N(k) = 1 \cdot 2^k$$

was sich umschreiben läßt in

$$N(k) = 1 \cdot e^{ln(2) \cdot k} = 1 \cdot e^{0.6931... \cdot k}$$

d.h., jedes natürliche Wachstum wird durch die e-Funktion $t \longmapsto a \cdot e^{b \cdot t}$ gesteuert. Was ist bei allen natürlichen Wachstumsprozessen eigentümlich? Das ist ihre Dynamik: Wenn wir eine diskrete Menge von Daten haben, und diese Daten sollen Teilmenge eines natürlichen Wachtums sein, dann gibt es keine andere Funktion als die e- Funktion, um weitere Daten dieses Prozesses zu berechnen. Um das zu verstehen zeichnen wir die Funktion $x \longmapsto e^x$ und ihre Ableitungsfunktion in ein und das gleiche Koordinatensystem. Die Ableitungsfunktion gewinnen wir numerisch durch Berechnung vieler Differenzenquotienten

$$df[i] := \frac{\triangle y_i}{\triangle x_i} = \frac{f(x + (i+1) \cdot dx) - f(x + i \cdot dx)}{dx}$$

wobei für dx immer kleinere Intervalle gewählt werden.

Programm 5.1: Programm zur numerischen Ableitung der e - Funktion

```c
#include <stdio.h>
#include <stdlib.h>
#include <math.h>
#define dx 0.001
#define N  1000
int main( void )
{
   double df[N];
   int i = 0;
   FILE *f_ptr = NULL;
   f_ptr = fopen( "daten/efunktion_0001.csv" , "w+" );
```

```
for ( i = 0 ; i < N ; i++ )
    {
        df[ i ] = ( exp((i+1)*dx) − exp(i*dx) ) / dx;
        fprintf(f_ptr,"%d %lf\n",i,df[ i ]);
    }
return( EXIT_SUCCESS );
}
```

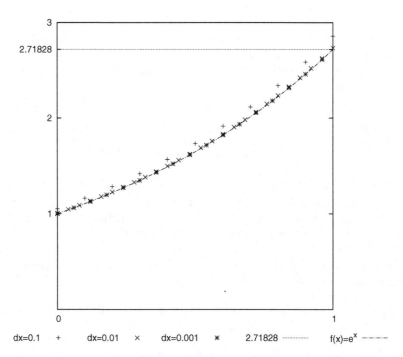

Abbildung 5.1 : Bild der Funktion $f(x) = e^x$ sowie ihrer Ableitungsfunktion, numerisch gewonnen mit drei verschiedenen Schrittweiten dx. Je kleiner dx, um so größer die Übereinstimmung der Funktion mit ihrer Ableitungsfunktion: es ist wirklich $(e^x)' = e^x$, d.h. die Änderungsrate der natürlichen Wachstumsfunktion ist wieder die natürliche Wachstumsfunktion!

Kapitel 6

Näherungsverfahren

6.1 Lösungs-Algorithmus für Gleichungen

Wir machen uns zur Aufgabe, die Nullstelle der Funktion

$$f(x) = 0.5 \cdot x^3 - 2 \cdot x^2 - 4 \tag{6.1}$$

im Intervall $[a_0; c_0] = [4; 5]$ zu bestimmen. Schon bei diesem einfachen Beispiel führen nur numerische Verfahren, also mehr oder weniger strukturiertes Probieren, zur Lösung, hier zu einer nichtabbrechenden Dezimalzahl. Die Anzahl der Nachkommastellen entscheidet über die Genauigkeit der Lösung. Das unten stehende Berechnungsverfahren kommt ohne die erste Ableitungsfunktion aus – im Gegensatz zum sog. Newtonverfahren – und ist darüberhinaus nur wenig langsamer.

Strategie: Ergänze die Punkte $(a_0|f(a_0))$ und $(b_0|f(b_0))$ zeichnerisch zu einem Rechteck. Steigt die Kurve im Intervall, ist die Nullstelle der positiv steigenden Diagonalen eine erste Näherung a_1. Das neue Rechteck hat nun eine um $2 \cdot (a_1 - a_0)$ verminderte Breite.

»Einkastungs-Algorithmus«
Wähle $[a_0; c_0]$ und $N > 0$ als Anzahl der Wiederholungen der Berechnungsschleife
Für $0 \leq i \leq N$ berechne:
$m = \frac{f(c_i) - f(a_i)}{c_i - a_i}$ Steigung der Geraden
$b = f(a_i) - m \cdot a_i$ Y-Achsenabschnitt
$a_{i+1} = -\frac{b}{m}$ Erste Näherung, zugleich neue linke Intervallgrenze
$c_{i+1} = c_i - (a_{i+1} - a_i)$ neue rechte Intervallgrenze

Programm 6.1: Programm zum Einkastungs - Algorithmus

```c
#include <stdio.h>
#include <stdlib.h>
#define N 10
float funcwert( float a )
{
  return ( 0.5 * a * a * a - 2 * a * a - 4 );
}
int main( void )
{
  float a[N+1], m = 0.0, b = 0.0, c[N+1];
  int i = 0;
  printf("Linke Intervallgrenze a0:");
  scanf("%f",&a[0]);          /* Einlesen der linken Intervallgrenze */
  printf("Rechte Intervallgrenze c0:");
  scanf("%f",&c[0]);          /* Einlesen der rechten Intervallgrenze */
  printf("f(a0)=%6f\n", funcwert(a[0]));
  printf("f(c0)=%6f\n", funcwert(c[0]));
  if( ! ( a[0] == c[0] || funcwert( a[0] ) * funcwert(c[0] ) >=0))
  {
    for( i = 0; i <= N ; i++ )
    {
      m= ( funcwert(c[i])-funcwert(a[i])) / (c[i]-a[i]); /* Steigung */
      b= funcwert(a[i])- m * a[i]; /*y-Achsenabschnitt */
      a[i+1] = -b/m;
      c[i+1] = c[i]-(a[i+1]-a[i]);
    }
    for( i = 1 ; i <=N ; i++ )
    {
      printf("%i.Näherung:%6f\n",i,a[i]);
    }
  }
  return( EXIT_SUCCESS );
}
```

6.2   Spiel mit Zufallszahlen – Monte - Carlo - Integration

Zunächst lassen wir uns vom Computer Zufallszahlen im Intervall $[0;1)$ ausgeben. Hierzu verwenden wir den vom System bereitgestellten (Pseudo-)Zufallszahl-Generator: in C ist das die Funktion *rand*(), die im Mittel gleichverteilte Zufallszahlen zwischen Null und RAND_MAX ausgibt, wobei auch RAND_MAX eine globale Konstante des Rechners ist: $RAND\,MAX = 2^{31} - 1 = 2147483647$. Jede ausgeworfene Zufallszahl teilen wir durch (RAND_MAX + 1) und

Iterationsschritt n	Einkastung	Newton-Verfahren
1	4.32000	4.50000
2	4.40183	4.41414
3	4.41048	4.41114
4	4.41109	4.41113
5	4.41113	4.41113

Tabelle 6.1 : Vergleich zwischen linearem Einkastungsalgorithmus und dem nicht-linearen Newton - Verfahren mit Startwert $x_0 = 4$.

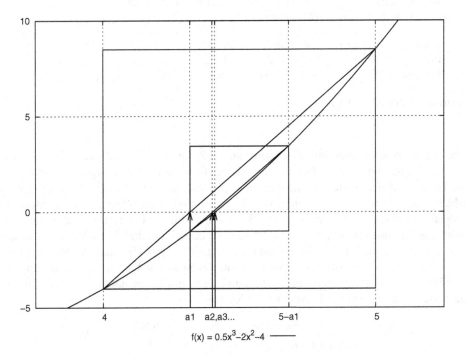

$$f(x) = 0.5x^3 - 2x^2 - 4$$

Abbildung 6.1 : Einkastungsverfahren: Dieser Algorithmus führt zu einer raschen Konvergenz und verzichtet auf die Ableitungsfunktion.

erhalten dadurch immer eine Zahl kleiner 1, genügend viele dieser Zahlen sollten dann gleichmässig über das Intervall $[0; 1)$ verteilt sein.

Programm 6.2: Programm zur Erzeugung gleichverteilter Zufallszahlen

```c
#include <stdio.h>
#include <stdlib.h>
#include <time.h>
int main( void )
{
  double rand_x , rand_y ;
  int i;
  FILE *f_ptr = NULL;
  srand( time( NULL) );
  f_ptr=fopen( "daten/zufallszahlen_5000.csv" , "w+" );
  for ( i = 1 ; i <= 5000 ; i++ )
  {
    rand_x = rand()/( RAND_MAX + 1.0 );
    rand_y = rand()/( RAND_MAX + 1.0 );
    fprintf( f_ptr , "%lf %lf\n", rand_x , rand_y );
  }
return( EXIT_SUCCESS );
}
```

Eine erste Inspektion zeigt, dass die so gewonnenen Zufallszahlen - hier als Punkte (x|y) - gleichmässig, also ohne erkennbare Bevorzugung einiger Gebiete, das Einheitsquadrat ausfüllen.

Mit Hilfe der Zufallszahlen und dem elementaren Wahrscheinlichkeitsbegriff können wir jetzt beliebige Integralprobleme näherungsweise lösen. Zur Veranschaulichung der sog. Monte Carlo Simulation wählen wir die Gerade $y = 0.25 \cdot x + 0.5$ im Intervall $[0; 1]$. Der Zufallszahlgenerator liefert uns für dieses Beispiel $n = 10000$ Punkte im Einheitsquadrat. Wir wählen nun diejenigen Punkte (rand_x|rand_y) aus, für die rand_y $< f$(rand_x) gilt; das sind alle Punkte unterhalb der Geraden. Sobald ein solcher Punkt auftaucht, zählen wir die Laufvariable m um 1 hoch. Das Verhältnis aus der so günstigen Punktezahl m und der möglichen Punktezahl n ist näherungsweise gleich dem Zahlenwert der Fläche unter der Kurve

$$A \approx \frac{\text{Anzahl guenstige Punkte}}{\text{Anzahl moegliche Punkte}} = \frac{m}{n} = \frac{6245}{10000} = 0.6245$$

Programm 6.3: Monte - Carlo - Integration

```c
#include <stdio.h>
#include <stdlib.h>
#include <time.h>
double funcwert( double a )
{
  return ( 0.25 * a + 0.5 );
}
int main( void )
```

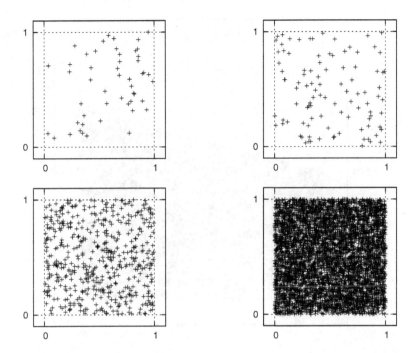

Abbildung 6.2 : Zufallspunkte (x|y) im Einheitsquadrat; oben links: 50 Punkte, dann rechts 100 Punkte, unten links 500 Punkte, zuletzt 5000 Punkte; es lässt sich keine Abweichung von einer *gleichmässigen Verteilung* der Punkte erkennen.

```
{
  double rand_x = 0.0, rand_y = 0.0;
  int n = 0;
  int m = 0;
  int k = 0;
  FILE *f_ptr = NULL;
  /* Initialisieren des Zufallsgenerators mit aktueller Zeit */
  srand(time(NULL));
  f_ptr= fopen("daten/montecarlo_dat.csv","w+");
  for (n = 1 ; n <= 10000 ; n++ )
  {
    rand_x=rand()/(RAND_MAX+1.0);
    rand_y=rand()/(RAND_MAX+1.0);
    if ( rand_y < funcwert(rand_x) )
      {
        m += 1;                        /* Treffer! */
        fprintf( f_ptr , "%lf %lf\n",rand_x,rand_y);
      }
```

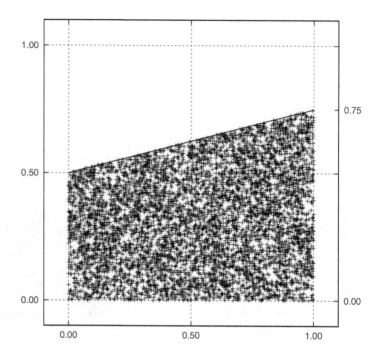

Abbildung 6.3 : Das Integral $\int_0^1 f(x) \cdot dx$ mit MC-Methode: $A_{MC} = \Sigma_{(1 \leq i \leq n)} \frac{f(u_i)}{n}$, wenn (u_i) gleichverteilte Zahlen auf $[0;1)$sind. Die Zahlen $f(u_i)$ kann man als Erwartungswerte betrachten. Für $n = 10000$ beträgt der Fehler noch 0.08%.

```
    else  k  +=  1;
  }
  printf("m=%i\n",m);
  fclose(f_ptr);
  return( EXIT_SUCCESS );
}
```

6.2.1 Übung

1. Ermittle die Kreiszahl π auf 6 Nachkommastellen genau durch Berechnung des Integrals $4 \cdot \int_0^1 \sqrt{1 - x^2} \cdot dx$ nach Monte Carlo Methode.

2. Eine Parabel zweiten Grades verlaufe durch den Ursprung und durch die Punkte $(2|4)$, und $(3|9)$ ermittle die Länge des Kurvenbogens.

Kapitel 7

Wahrscheinlichkeitsrechnung

7.1 Umgang mit großen Datenmengen

Aus einer großen Fülle von numerischen Daten sollen gewisse Eigenschaften und Regelmäßigkeiten erkannt werden. Hierzu muß die Datenmenge vollständig vorliegen und geeignet aufbereitet werden.

Wir betrachten eine solche vollständig vorliegende Datenmenge aus N Werten und schreiben diese in einer Reihe auf:

$$x_1, ..., x_i, ..., x_N;$$

Hierbei müssen nicht alle x_i, $1 \leq i \leq N$, verschieden sein, einige Werte können mehrfach vorkommen: jedes x_i kann $z_j - mal$ erscheinen, wobei $1 \leq j \leq k$. Die N Elemente lassen sich dann auch so aufschreiben:

$$x_1 \cdot z_1, ..., x_j \cdot z_j, ..., x_k \cdot z_k;$$

beachte, daß selbstverständlich

$$z_1 + ... + z_j + ... + z_k = N$$

gilt. Die n Elemente sind also in Gruppen von jeweils j gleichen Werten zusammengefasst. Der arithmetische Mittelwert ergibt sich zu:

$$\mu = \frac{1}{N} \cdot \sum_{i=1}^{N} x_i = \frac{1}{N} \cdot \sum_{j=1}^{k} x_j \cdot z_j = \sum_{j=1}^{k} x_j \cdot \left(\frac{z_j}{N}\right) = \sum_{j=1}^{k} x_j \cdot h(x_j) \tag{7.1}$$

Die $h(x_j) = \frac{z_j}{N}$ heißen *gesicherte relative Häufigkeiten*. Liegt die Datenmenge nicht vollständig vor, so geht man von gesicherten relativen Häufigkeiten zu *vorausgesagten* relativen Häufigkeiten (*Wahrscheinlichkeiten*) über.

Ziel der Wahrscheinlichkeitsrechnung und Statistik: Aussagen über eine Gesamtheit von Daten treffen, obwohl die Daten nicht in ihrer Gesamtheit vorliegen.

7.2   Die Binomialverteilung

Interessiert man sich bei einer großen Anzahl von Daten für das Vorhandensein eines einzigen Merkmals – um dann über das Auftreten dieses Merkmals nach Erheben weiterer Daten eine Vorhersage zu machen – so teilt man diese Datenmenge in den Merkmalsteil und den ohne das definierte Merkmal. Dies geschieht durch pures Abzählen.

Wir werfen einen herkömmlichen Spielwürfel und unterscheiden die beiden Ereignisse $E_I = $ *gerade* und $E_{II} = $ *ungerade*.Wie oft erhalten wir bei mehrmaligem Werfen eine gerade Augenzahl, also E_I ? Bei dreimaligem Werfen gibt es zum Beispiel drei günstige Fälle $E_I E_I E_{II}$ oder $E_I E_{II} E_I$ oder $E_{II} E_I E_I$ für das Ereignis (x=2), also für zweimal *gerade*. Das sind 3 günstige von insgesamt 8 möglichen Fällen, die man hier ohne Mühe zusammenschreiben kann:

Fall 1	E_I	E_I	E_I
Fall 2	E_I	E_I	E_{II}
Fall 3	E_I	E_{II}	E_{II}
Fall 4	E_{II}	E_I	E_I
Fall 5	E_{II}	E_I	E_{II}
Fall 6	E_I	E_{II}	E_I
Fall 7	E_{II}	E_{II}	E_I
Fall 8	E_{II}	E_{II}	E_{II}

Tabelle 7.1 : Hier sind alle möglichen Fälle für das Ereignis »*zweimal gerade bei dreimal Werfen*« auf einen Blick sichtbar.

die vorhergesagte relative Häufigkeit – die Wahrscheinlichkeit – für dieses Ereignis (x=2) ist das Verhältnis der günstigen zu den möglichen Fällen, also

$$P(x = 2) = \frac{3}{8} = 0,375$$

Diese Zahl erhält man auch folgendermaßen: Die Ereignisse E_I und E_{II} haben die Wahrscheinlichkeiten $P(E_I) = P(E_{II}) = \frac{3}{6} = \frac{1}{2}$. Anwendung von Multiplikations- und Additionssatz für Wahrscheinlichkeiten ergibt

$$P(x = 2) = P(E_I E_I E_{II}) + P(E_I E_{II} E_I) + P(E_{II} E_I E_I) = (\frac{1}{2})^3 + (\frac{1}{2})^3 + (\frac{1}{2})^3 = \frac{3}{8}$$

Die Auflistung in Tabelle 7.1 enthält 1-mal nur *gerade* und 1-mal nur *ungerade*, sowie 3-mal (x=2) und 3-mal (x≠2). Diese Anzahlen 1 - 3 - 3 - 1 folgen direkt aus dem Pascalschen Dreieck für n=3. Dem n=3 entspricht also das (n=3)-malige Werfen des Würfels. Ebenso erhält man für n=4: 1-mal $E_I E_I E_I E_I$ und 1-mal $E_{II} E_{II} E_{II} E_{II}$ mit $P(E_I E_I E_I E_I) = P(E_{II} E_{II} E_{II} E_{II}) = \frac{1}{16} = $ 0,0625 , daneben erhält man 4 Fälle aus E_I, E_I, E_I, E_{II}, 4 Fälle aus $E_{II}, E_{II}, E_{II}, E_I$,sowie 6-mal den symmetrischen Fall $E_I E_I E_{II} E_{II}$. Tabelle 7.2 gibt einen Überblick.

Anzahl Würfe	x-mal E_I	E_{II}	insgesamt Mögliche
1	$x \in \{0;1\}$	1-x	1+1=2
2	$x \in \{0;1;2\}$	2-x	1+2+1=4
3	$x \in \{0;1;2,3\}$	3-x	1+3+3+1=8
4	$x \in \{0;1;2,3,4\}$	4-x	1+4+6+4+1=16
...	...	...	...

Tabelle 7.2 : Die möglichen Fälle *x-mal gerade* wachsen exponentiell zur Basis 2; die Exponenten sind die Wurfzahlen.

Wenn wir *n-mal* würfeln und die Anzahl E_I mit x bezeichnen, so gilt zunächst $0 \le x \le n$.
Die Wahrscheinlichkeit des Ereignisses »*x-mal gerade*« setzt sich aus allen Fällen

$$x \cdot E_I, (n-x) \cdot E_{II}$$

zusammen, deren Einzelwahrscheinlichkeit

$$p[x \cdot E_I, (n-x) \cdot E_{II}] = P(E_I)^x \cdot P(E_{II})^{n-x} \tag{7.2}$$

beträgt. Hier wird einfach entlang eines Pfades multipliziert. Jetzt benötigen wir noch die Anzahl A der günstigen Fälle, die alle die Wahrscheinlichkeit 7.2 besitzen, um die Wahrscheinlichkeit $P(x)$ zu erhalten.

$$P(x) = A \cdot P(E_I)^x \cdot P(E_{II})^{n-x}$$

Für das dreimalige Werfen bekommen wir für das Ereignis (x=2)

$$P(x = 2) = 3 \cdot (\frac{1}{2})^2 \cdot (\frac{1}{2})^{3-2} = \frac{3}{8}$$

FRAGE: Wenn man n-mal würfelt, dann hat man doch bloß einen Fall $x \cdot E_I, (n-x) \cdot E_{II}$ aufgeschrieben. Warum muß man dann noch mit einer Zahl A multiplizieren ? Gilt nicht einfach $P(x) = P(E_I)^x \cdot P(E_{II})^{n-x}$?
ANTWORT: Nein. Die Wahrscheinlichkeit ist das Verhältnis *aus allen A günstigen* zu allen möglichen Fällen. Multiplikation mit A bedeutet Summation über alle Pfadwahrscheinlichkeiten des Baumdiagramms; erst dann ist die Beschreibung dieses Wahrscheinlichkeitsexperimentes abgeschlossen.[a]

[a]Jedes *Wahrscheinlichkeitsexperiment* lässt sich als Ziehen aus einer Urne modellieren, und seine Ausgänge lassen sich als Baumdiagramm aufzeichnen, auch wenn das sehr schnell unhandlich wird!

Formel zur Bestimmung der Anzahl A

Nach *n-maligem* Würfeln haben wir n Möglichkeiten, das erste Ergebnis in ein langgestrecktes Holzkästchen mit genau n Fächern zu legen, wobei jedes Fach genau einen Würfel aufnehmen kann. Für die zweite Zahl gibt es nur noch *(n-1)* freie Fächer. Schließlich hat man

$$n \cdot (n-1) \cdot (n-2) \cdot \ldots \cdot 2 \cdot 1 = n! \tag{7.3}$$

Möglichkeiten, die Ergebnisse in der Holzkiste abzulegen. Greifen wir nun aus unserem *n-Wurf* alle k geraden Zahlen heraus, so hat man

$$n \cdot (n-1) \cdot (n-2) \cdot \ldots \cdot (n-k+1) = \frac{n!}{(n-k)!} \tag{7.4}$$

Möglichkeiten, die Ergebnisse in der Holzkiste abzulegen. Solange die *geraden* aber nur Plätze unter sich vertauschen, können wir das nicht unterscheiden. Also haben wir in Gleichung 7.4 $k!$ zu viele Fälle. Wie kann man sich das klar machen? Betrachten wir eine einzelne Belegung von k *geraden* g_j mit $1 \le j \le k$

$$\ldots, u, \ldots, g_1, \ldots, g_j, \ldots, g_k, \ldots, u, \ldots$$

sodarf diese nur einmal gezählt werden, weil die g_j nicht weiter unterschieden sind. Die nächste Belegung könnte etwa so aussehen:

$$\ldots, u, \ldots, g_1, \ldots, g_j, \ldots, u, \ldots, g_k, \ldots$$

auch diese darf nur einmal gezählt werden. Folglich teilen wir in Gleichung 7.4 durch $k!$ um zur Anzahl A der *k-Kombinationen aus n Elementen* zu kommen:

$$A = \frac{n \cdot (n-1) \cdot (n-2) \cdot \ldots \cdot (n-k+1)}{k!} = \frac{n!}{(n-k)! \cdot k!} =: \binom{n}{k} \tag{7.5}$$

Wenn wir also *n-mal* würfeln - oder *n-mal* aus einer Urne ziehen mit Zurücklegen - dann berechnet sich die Wahrscheinlichkeit für das Ereignis *k-mal* E_I zu

$$P_n(k) = \binom{n}{k} \cdot P(E_I)^k \cdot P(E_{II})^{n-k} \tag{7.6}$$

wobei die Anzahl der E_I und die der E_{II} zusammen n ergeben. Gleichung 7.6 heißt Binomialverteilung für die diskrete Zufallsgröße x.

Binomialverteilung:
Falls die Wahrscheinlichkeit für das Auftreten eines Ereignisses E gleich $p(E) = p$ ist, so berechnet sich die Wahrscheinlichkeit des k-fachen Auftretens bei n Versuchen zu

$$P_n(k) = \binom{n}{k} \cdot p^k \cdot (1-p)^{n-k}$$

7.2.1 Berechnung der Binomialkoeffizienten

Wenn wir r zu k machen, dann sind die Zahlen $K(n;r) = \binom{n}{r}$ die Anzahl der *r-Kombinationen* aus n Elementen. Diese lassen sich leicht berechnen, wie das folgende Programm für $n \le 10$ zeigt:

Programm 7.1: Berechnung der Binomialkoeffizienten

```c
#include <stdio.h>
#include <stdlib.h>
#define M 10
double facul( int N )
{
  if ( N==0 ) return ( 1 );
  return ( N * facul( N - 1 ) );
}
int main( void )
{
  int n = 0
  int r = 0;
  double K_nr = 0.0;   /* Binomialkoeffizienten K(n;r) */
  FILE *f_ptr = NULL;
  f_ptr = fopen( "daten/binomial_dat.csv" , "w+" );
  for ( n = 0 ; n < = M ; n++ )
    for( r = 0 ; r < = n ; r++ )
    {
      K_nr = facul(n) / ( facul(n-r) * facul(r) );
      fprintf(f_ptr ,"%d %d %.01f\n",n,r,K_nr);
    }
  return( EXIT_SUCCESS );
}
```

7.2.2 Anwendung der Binomialverteilung

Wie groß ist zum Beispiel die Wahrscheinlichkeit, mit $n = 10$ Würfen eines Würfels höchstens zweimal eine 6 zu werfen ?

Antwort: Die Gesamtwahrscheinlichkeit setzt sich zusammen aus den Wahrscheinlichkeiten für *keine* 6, *eine* 6 und *zweimal* 6. Man berechnet

$$P_{r \leq 2} = \binom{10}{0} \cdot \left(\tfrac{1}{6}\right)^0 \cdot \left(\tfrac{5}{6}\right)^{10} + \binom{10}{1} \cdot \left(\tfrac{1}{6}\right)^1 \cdot \left(\tfrac{5}{6}\right)^9 + \binom{10}{2} \cdot \left(\tfrac{1}{6}\right)^2 \cdot \left(\tfrac{5}{6}\right)^8$$

Wir wollen uns die Wahrscheinlichkeitsverteilung für dieses Experiment – $n = 10$ mal Werfen eines Würfels – anschauen; es wird lediglich »Werfen einer 6« von »Nicht-Werfen einer 6« unterschieden.

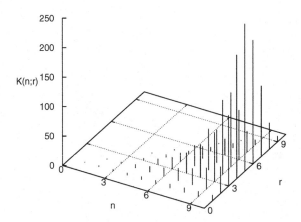

Abbildung 7.1 : Bild der Binomialkoeffizienten $\begin{pmatrix} n \\ r \end{pmatrix} = \frac{n!}{(n-r)! \cdot r!}$ *mit* $n \leq 10$. Man beachte, dass das jeweilige Maximum in der Mitte konzentriert ist.

r	$\begin{pmatrix} 10 \\ r \end{pmatrix} \cdot p^r \cdot (1-p)^{10-r}$
0	0.161506
1	0.323011
2	0.290710
3	0.155045
4	0.054266
5	0.013024
6	0.002171
7	0.000248
8	0.000019
9	0.000001
10	0.000000

Tabelle 7.3 : Mit der Binomialverteilung berechnete Wahrscheinlichkeiten, daß beim 10-maligen Werfen des Würfels genau r-mal ein Sechs erscheint.

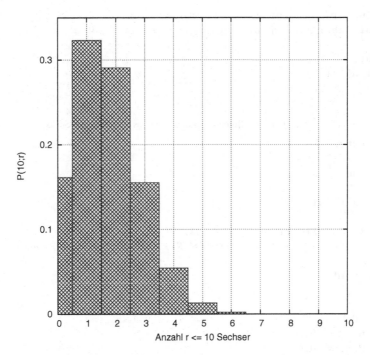

Abbildung 7.2 : Verteilung der Wahrscheinlichkeiten für das Ereignis: $0 \leq r \leq 10$ Sechser bei 10-maligem Würfeln. Das überhaupt etwas geschieht, kommt sicher vor, d.h. die Summe der Einzelwahrscheinlichkeiten – und damit die Summe der Teilflächen – ist gleich 1. Fragen wir nach der Wahrscheinlichkeit von »höchstens zwei Sechser«, so müssen wir den Flächeninhalt *von r = 0 bis r = 2* berechnen.

Programm 7.2: Darstellung der Würfelsimulation

```
reset
set size square
unset key
set grid
x_min =   0
x_max = 10
y_min =   0.00
y_max =   0.35
set xrange [x_min:x_max]
set yrange [y_min:y_max]
set xtics 1
set ytics 0.1
set xlabel 'Anzahl r<=10 Sechser'
set ylabel 'P(10;r)'
plot 'daten/sechser_daten.csv' with boxes fill pattern 2
```

```
set terminal postscript enhanced colour
set output 'abbildungen/binomdist_P(10;r).eps'
replot
set output
set terminal x11
```

Programm 7.3: Binomialverteilung für das Würfeln einer Sechs

```
#include <stdio.h>
#include <stdlib.h>
#include <math.h>
#define M 10
double facul( int N )
{
   if ( N == 0 ) return ( 1 ); /* Da 0! = 1 */
   return ( N * facul( N - 1) ); /* Rekursive Programmierung */
}
int main( void )
{
   int n = 0;
   int r = 0;
   double K_nr = 0.0;
   double P_r  = 0.0;
   FILE *f_ptr = NULL;
   f_ptr = fopen( "daten/sechser_daten.csv", "w+" );
   for( r = 0 ; r <= M ; r++ )
      {
         K_nr = facul( M ) / ( facul( M-r ) * facul( r ) );
         P_r  = K_nr *pow( 1.0/6.0 ,r )* pow(5.0/6.0 ,(M-r));
         fprintf(f_ptr ,"%d %lf\n",r ,P_r);
      }
   fclose( f_ptr );
   return( EXIT_SUCCESS );
}
```

7.2.3 Simulation mit Zufallszahlen

Um die oben gewonnene Theorie zu bestätigen, werden wir 1000-mal das 10-malige Werfen eines Würfels mit Zufallszahlen simulieren. Wenn die daraus errechneten relativen Häufigkeiten den theoretisch gewonnenen Wahrscheinlichkeiten nahe kommen, ist die Theorie bestätigt. Die $1000 \otimes 10$ Zufallszahlen schreiben wir in eine Matrix $nrand[k][i]$ mit $0 \leq k \leq 999$ und $0 \leq i \leq 9$. Ferner definieren wir ein *array anzsechs*[10]. Sobald bei festem Laufindex k eines der $nrand[k][0 \leq i \leq 9]$ eine *Sechs* als Eintrag hat, wurde also beim 10-maligen Werfen des Würfels genau eine Sechs erzeugt, so wird das array Element *anzsechs*[1] auf *Eins* gesetzt, entsprechend das array-Element *anzsechs*[5] auf die *Eins*, wenn etwa beim 10-er Wurf *fünfmal* die Sechs vorkam. Mit fortlaufendem k werden so die Anzahlen der unterschiedlichen Sechser-Vorkommen mit Hilfe der Zählvariablen m gezählt. (Siehe Programm 7.4)

Für $k \leq 2$ sieht der Ausdruck des Programms so aus:

k; i; n_rand[k][i] 0 0 10 1 40 2 10 3 30 4 60 5 3

```
0  6  2
0  7  5
0  8  4
0  9  5
m=1
Anzahl 6-er=1
1  0  1
1  1  4
1  2  3
1  3  5
1  4  6
1  5  3
1  6  2
1  7  6
1  8  5
1  9  4
m=2
Anzahl 6-er=2
2  0  3
2  1  6
2  2  6
2  3  4
2  4  2
2  5  6
2  6  6
2  7  1
2  8  6
2  9  5
m=5
Anzahl 6-er=5
```

Programm 7.4: Programm zur Simulation des Würfelns

```
#include <stdio.h>
#include <stdlib.h>
#include <time.h>
```

```
#define N  1000
#define R  10
int main( void )
{
  FILE *f_ptr = NULL;
  int k = 0, i = 0 , j = 0 , n_rand[N][R];
  double anz_sechs[R+1]={0,0,0,0,0,0,0,0,0,0,0};
  double P_sechs[R+1];
  int m = 0;
  f_ptr = fopen( "daten/dat_d.csv" , "w+" );
  srand( time(NULL) );
  for ( k = 0 ; k < N ; k++ )
    {
      for ( i = 0 ; i < R ; i++ )
        {
          n_rand[k][i] = 1 + rand() % 6;
          if ( n_rand[k][i] == 6 ) {m+=1;}
        }
      anz_sechs[m] += 1;   /* Sechser hochzaehlen */
      m = 0;
    }
  for ( i = 0 ; i < R + 1 ; i++ )
    {
      P_sechs[i] = 1.0 * anz_sechs[i] / N;
      fprintf( f_ptr ,"%d %lf\n",i,P_sechs[i]);
    }
  fclose( f_ptr );
  return( EXIT_SUCCESS );
}
```

Programm 7.5: Gnuplot - Skript zur Darstellung der Würfelsimulation in Abb. 7.3

```
reset
set size square
unset key
y_min = 0.00
y_max = 0.35
set yrange [y_min:y_max]
set style line 1 lt 1 lw 2
set style line 2 lt 1 lw 1
set ytics 0.1
set terminal postscript enhanced colour
set output 'abbildungen/dice_rand_4in1.eps'
set multiplot
set size 0.5 , 0.5
set origin 0.0 , 0.0
set xrange [0:10]
```

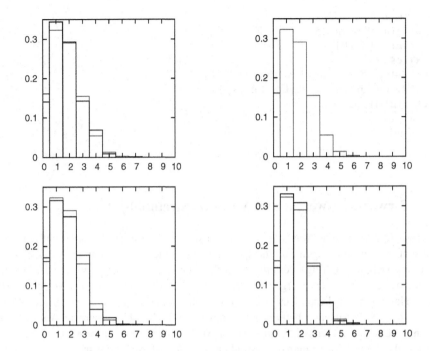

Abbildung 7.3 : Hier sind vier Durchläufe des $1000 \otimes 10 - maligen$ Würfelns simuliert (durchgezogene Balken). Fein eingezeichnet sieht man die theoretisch berechneten Wahrscheinlichkeiten aus der Binomialverteilung. Die Abweichungen belegen, daß der Wahrscheinlichkeitsbegriff als Grenzwert relativer Häufigkeiten nur für sehr große N sinvoll ist. Die Versuchsergebnisse zeigen aber, daß die Theorie als richtig angesehen werden kann, d.h. man erwartet für größer werdendes N eine immer kleiner werdene Abweichung.

```
set xtics 1
plot 'daten / dat_a.csv' with boxes ls 1,\
     'daten / dat2.csv' with boxes ls 2
set size 0.5 , 0.5
set origin 0.5 , 0.0
set xrange [0:10]
set xtics 1
plot 'daten / dat_b.csv' with boxes ls 1,\
     'daten / dat2.csv' with boxes ls 2
set size 0.5 , 0.5
set origin 0.0 , 0.5
set xrange [0:10]
set xtics 1
plot 'daten / dat_c.csv' with boxes ls 1,\
     'daten / dat2.csv' with boxes ls 2
```

```
set size 0.5 , 0.5
set origin 0.5 , 0.5
set xrange [0:10]
set xtics 1
plot 'daten/dat_d.csv' with boxes ls 1,\
     'daten/dat2.csv' with boxes ls 2
unset multiplot
set output
set terminal x11
```

7.2.4   Erwartungswert μ und Varianz (Streumaß) σ^2

Der Erwartungswert – das, was man *im Mittel* erwartet – bezieht sich immer auf ein bestimmtes Zufallsexperiment. Im obigen Zufallsexperiment lautet die Frage: Wenn ich *wiederholt* zehnmal würfle, wie sieht die zufällige Verteilung der Sechser - Anzahlen aus? Die $n = 1000 - fache$ Simulation dieses Experimentes ergab u.a., daß genau 40 mal vier Sechser »geworfen« wurden: die relative Häufigkeit für diesen Ausgang beträgt damit genau $\frac{40}{1000} = 0.040$ oder: die Wahrscheinlichkeit für diesen Ausgang beträgt näherungsweise $0.04 = 4\%$. Aber die Wahrscheinlichkeit für genau einmal eine Sechs beträgt $0.316 = 31.6\%$. Wie können also eher *einmal* eine Sechs erwarten als *viermal*. Wenn man die restlichen Ausgänge dieses Zufallsexperimentes mitberücksichtigt, so erhält man den Erwartungswert, der nichts anderes ist als das gewichtete Mittel (vgl. 7.1):

$$\mu = E(r) = 0 \cdot 0.171 + 1 \cdot 0.316 + ... + 7 \cdot 0.001 = 1.665 = \sum_{r=0}^{10} P(r) \cdot r = \sum_{r=0}^{10} \frac{x_r}{N} \cdot r \qquad (7.7)$$

D.h: wir dürfen *im Mittel* zwischen einer und zwei Sechsen erwarten. Diese Aussage kann man auch rein qualitativ machen, wenn man die Grafiken der Verteilung betrachtet: das Maximum liegt zwischen r=1 und r=2.

Nun streuen die Ausgänge *r mit* $0 \leq r \leq 10$ dieses Zufallsexperiments mehr oder weniger um den Erwartungswert μ. Zu jedem r gibt es also eine quadratische Abweichung von μ: $(r - \mu)^2$, von denen man – nach Gewichtung mit der Wahrscheinlichkeit $P(r)$ – einfach die Summe berechnet und dieses σ^2 nennt:

$$\sigma^2 = \sum_{r=1}^{10} (r - \mu)^2 \cdot P(r) \qquad (7.8)$$

Die Auswertung läßt sich wie folgt in Tabelle schreiben. Die Wurzel aus σ^2 heißt *Standardabweichung*: bei diesem binomialverteilten Zufallsexperiment können wir zusammenfassen: der Ausgang mit höchster Wahrscheinlichkeit ist das »Werfen« von 1.665 ± 1.2 Sechsern!

r	x_r	$\frac{x_r}{N} \approx P(r)$	$(r-\mu)$	$(r-\mu)^2 \cdot P(r)$
0	171	0.171	-1.67	0.47
1	316	0.316	-0.67	0.14
2	275	0.275	0.34	0.03
3	177	0.177	1.34	0.32
4	40	0.040	2.34	0.21
5	19	0.019	3.34	0.02
6	1	0.001	4.34	0.03
7	1	0.001	5.34	0.00
8	0	0.000	6.34	0.00
9	0	0.000	7.34	0.00
10	0	0.000	8.34	0.00

Tabelle 7.4 : Berechnung der Varianz - des Streumaßes - für die Verteilung der $r - Sechser$: $\sigma^2 = \sum_{r=1}^{10}(r-\mu)^2 \cdot P(r) =$ 1.44, d. h. wir dürfen im Mittel mit 1.665 ± 1.2 Sechsern rechnen, wenn wir 10-mal würfeln.

r	x_r =Anzahl r Sechser
0	171
1	316
2	275
3	177
4	40
5	19
6	1
7	1
8	0
9	0
10	0

Tabelle 7.5 : 1000-malige Simulation des 10-maligen Würfelns: aus der Tabelle entnimmt man daß etwa 40-mal genau 4 Sechser »geworfen« wurden, oder 316-mal genau ein Sechser.

7.2.5 Übungen

1. Visualisiere geeignet die Binomialkoeffizienten für $1 \leq n \leq 20$ und $1 \leq r \leq 20$. Wo sind *Inseln* großer Zahlen ?

2. Warum ist die abgebildete Wahrscheinlichkeitsverteilung nicht symmetrisch? Formuliere ein Experiment, so daß eine symmetrische Wahrscheinlichkeitsverteilung entsteht.

3. Wie groß muß N sein, um mit einer Wahrscheinlichkeit $P \geq 70\%$ mindestens *vier* Sechser zu werfen ?

KFZ-Elektronik

Borgeest, Kai
Elektronik in der Fahrzeugtechnik
Hardware, Software, Systeme und Projektmanagement
2008. X, 346 S. mit 155 Abb. u. 25 Tab.
(ATZ-MTZ Fachbuch) Geb. EUR 36,90
ISBN 978-3-8348-0207-1

Meroth, Ansgar / Tolg, Boris
Infotainmentsysteme im Kraftfahrzeug
Grundlagen, Komponenten, Systeme und Anwendungen
2008. XVI, 364 S. mit 219 Abb. u. 15 Tab. Geb. EUR 39,90
ISBN 978-3-8348-0285-9

Zimmermann, Werner / Schmidgall, Ralf
Bussysteme in der Fahrzeugtechnik
Protokolle und Standards
2., akt. u. erw. Aufl. 2007. XIII, 356 S. mit 188 Abb. u. 99 Tab.
(ATZ-MTZ Fachbuch) Geb. EUR 39,90
ISBN 978-3-8348-0235-4

VIEWEG+ TEUBNER
Abraham-Lincoln-Straße 46
65189 Wiesbaden
Fax 0611.7878-400
www.viewegteubner.de

Stand Januar 2008.
Änderungen vorbehalten.
Erhältlich im Buchhandel oder im Verlag.

Kapitel 8

Kurvenanpassung (fitting curves to data)

8.1 Motivation

Im einfachsten Falle hat man Meßwerte, d.h. man hat zu einer unabhängigen Veränderlichen –
das ist bei physikalischen Prozessen die Zeit – abhängige Werte, die im Idealfall auf einer gemeinsamen Geraden liegen sollten, und die alle mit dem selben Fehler behaftet sind, so daß sie
nach Augenschein eben nicht genau auf einer Geraden liegen. Ohne die Fehler im einzelnen
zu kennen, gibt es nun eine Methode, diejenige Gerade zu konstruieren, zu der die Abstände
von den einzelnen gemessenen Punkten minimal sind. Diese im englischsprachigen als *maximum likelihood method* oder *parameter estimating* oder *least squares fit* genannte Methode hat
die Annahme zu Grunde, daß die Fehler unabhängig voneinander die gleiche Abweichung vom
Idealwert zeigen und daß sie darüberhinaus normal-verteilt sind. Übrigens: bei Verwendung eines grafikfähigen Taschenrechners sind diese Routinen unter dem Befehl *LINREG...* – Lineare
Regression – abgelegt. Aber was geschieht in der black box, wenn dieses Programm abläuft?

8.2 least squares fit (kleinste Fehlerquadrate)

Zunächst betrachten wir eine durch Messung entstandene Datenmenge: in diesem Versuch haben Schüler die Beziehung zwischen der Länge eines Fadenpendels und der Schwingungsdauer
untersucht.
In der grafischen Darstellung der Daten liegt höchst wahrscheinlich (most likely) *kein* linearer
Zusammenhang vor: die Theorie verlangt einen Zusammenhang $T \sim \sqrt{l}$, aus diesem Grunde
zeigen wir

$$T^2 = T^2(l) = a^2 \cdot l$$

mit zu bestimmendem Koeffizienten a^2, um mit der einfachen Linearen Regression zu arbeiten.

Fadenlänge l/cm	Schwingungsdauer T/s	T^2
6,5	0,51	0,2601
11,0	0,68	0,4624
13,2	0,73	0,5329
15,0	0,79	0,6241
18,0	0,88	0,7744
23,0	0,99	0,9801
24,4	1,01	1,0201
26,6	1,08	1,1664
30,5	1,13	1,2769
34,3	1,26	1,5876
37,6	1,28	1,6384
41,5	1,32	1,7424

Tabelle 8.1 : Die im Schülerversuch gemessenen Zeiten T eines Fadenpendels mit variabler Fadenlänge l: gesucht ist der Zusammenhang $T = T(l)$.

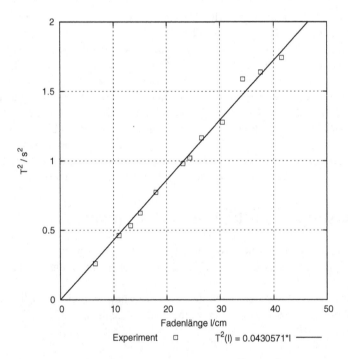

Experiment □ $T^2(l) = 0.0430571 * l$ ——

Abbildung 8.1 : Messpunkte $[l|T^2(l)]$und ihre *fit*-Gerade. Wenn $T \sim \sqrt{l}$ *dann* $T^2 \sim l$, und damit $T^2 = a^2 \cdot l$.

Beachte, daß in diesem Experiment die Zeit nicht die unabhängige Veränderliche ist, sondern abhängig ist von l! Man sieht, daß jeder Punkt einen y-Abstand zur fit-Geraden hat: dieser Abstand

$$\triangle y_i = (a^2 \cdot l_i - T_i^2)$$

wird zunächst quadriert, um positive Ergebnisse zu erhalten: die Summe aller Abstände soll nun möglichst klein sein, d.h. man sucht das Minimum der Funktion $s(a^2)$ in Abhängigkeit von a^2

$$s(a^2) = \sum_{i=1}^{N} (a^2 \cdot l_i - T_i^2)^2$$

und das berechnet sich aus

$$s'(a^2) = 0 = 2 \cdot \sum_{i=1}^{N} (a^2 \cdot l_i - T_i^2) \cdot l_i \curvearrowright a^2 = \frac{\Sigma_i T_i^2 \cdot l_i}{\Sigma_i l_i^2} = 4.31...$$

Die Daten $[l_i | T_i(l_i)]$ passen also zur Geraden mit der Gleichung

$$T^2(l) = 4.31 \cdot l \text{ oder } T(l) = \sqrt{4.31} \cdot \sqrt{l}$$

mit

$$\sqrt{4.31} = 2.076 \approx \frac{2\pi}{\sqrt{9.81}} = 2.006$$

was die bekannte Formel

$$T = 2\pi \cdot \sqrt{\frac{l}{g}}$$

bestätigt.

8.3 Übungen

Übung 1: Das Hookesche Gesetz

Wirkt eine dehnende oder stauchende Kraft bei einer Feder, so verlängert oder verkürzt sie sich gemäß dem Gesetz von Hooke proportional zur Kraft, das heißt:

$$F = D \cdot s,$$

mit D als Federkonstanten (oder auch Federhärte) genannt. In einem Schülerversuch wurden bei einer Feder die belastende Kraft F und die Verlängerung s gemessen. Man bestimme aus den Daten (siehe Tabelle 8.2) eine Fit - Gerade und aus deren Steigung die Federkonstante D.

Kraft F (Newton)	Verlängerung s (Zentimeter)
0,0	0,0
0,5	2,2
1,0	4,2
1,5	6,1
2,0	8,2
2,5	10,2
3,0	12,3
4,0	16,2
5,0	20,3
10,0	40,0

Tabelle 8.2 : Hier stehen Daten eines Schülerversuches zur Bestimmung der Federkonstanten (Hookes Gesetz). Es wurde mit einfachen Federkraftmessern gearbeitet.

Übung 2: Die Kondensatorentladung

Wird ein geladener Kondensator der Kapazität C über einen Verbraucher, z.B. einen ohmschen Widerstand R entladen, so folgt der zeitliche Verlauf der Spannung über dem Kondensator dem exponentiellen Gesetz

$$U(t) \;=\; U_0 \cdot e^{-\frac{t}{RC}} \tag{2.1}$$

Ist die Kapazität des Kondensators unbekannt, so bietet die Messung dieser Entladekurve die Möglichkeit, über einen Fit bei bekanntem oder zumindest leicht herauszufindendem Widerstandswert R die Kapazität zu bestimmen. Allerdings ist das theoretische Modell (obiges Gesetz 2.1) nichtlinear, so dass die in Abschnitt 8.2 ausgeführten Rechnungen zunächst nicht möglich sind – wie beim Fadenpendel kann man sich jedoch einen kleinen Trick anwenden:
Durch Logarithmieren der Gleichung 2.2 erhält man ein lineares Modell:

$$y(t) \;=\; A \cdot e^{bt} \tag{2.2}$$
$$\ln(y(t)) \;=\; \ln(A) + b \cdot t \tag{2.3}$$

In dem man also den natürlichen Logarithmus der abhängigen Variable* (bei der Kondensatorentladung die gemessenen Spannungswerte) verwendet, kann man den in vielen Taschenrechnern eingebaute linearen Regressionsmodus einsetzen, um zunächst die Werte $\ln(A)$ und b und daraus die relevanten Größen U_0 und C bestimmen.
Man ermittele nun aus den 3 Schülermessungen in Tabelle 8.3 bei einem Widerstand von $R = 100000\,\Omega$ jeweils die Kapazität des Kondensators.

* Selbstverständlich muß jeder Meßwert $y_i \neq 0$ gelten

Messung 1		Messung 2		Messung 3	
Zeit t (Sek.)	Spannung $U(t)$ (Volt)	Zeit t (Sek.)	Spannung $U(t)$ (Volt)	Zeit t (Sek.)	Spannung $U(t)$ (Volt)
0	9.0000	0	12.0	0	16.0
5	3.5000	5	5.0	5	6.0
10	1.2000	10	0.8	10	2.5
15	0.5000	15	0.7	15	1.2
20	0.3000	20	0.5	20	0.8
25	0.1000	25	0.3	25	0.6
30	0.0100	30	0.1	30	0.3
35	0.0010	35	0.1	35	0.2
40	0.0001	40	0.01	40	0.1

Tabelle 8.3 : Kondensatorentladungswerte aus einem Schülerversuch mit $R = 100000\,\Omega$ bei einer theoretischen Kapazität von $C = 50\mu F$.

Bemerkung: Diese Linearisierung wird auch bei der logarithmischen Auftragung von Daten verwendet.

Elektronik

Baumann, Peter
Sensorschaltungen
Simulation mit PSPICE
2006. XIV, 171 S.
mit 191 Abb. u. 14 Tab.
(Studium Technik) Br. EUR 19,90
ISBN 978-3-8348-0059-6

Böhmer, Erwin / Ehrhardt, Dietmar /
Oberschelp, Wolfgang
Elemente der angewandten Elektronik
Kompendium für Ausbildung und Beruf
15., akt. u. erw. Aufl. 2007. X, 506 S.
mit 600 Abb. u. einem umfangr.
Bauteilekatalog Br. mit CD EUR 32,90
ISBN 978-3-8348-0124-1

Federau, Joachim
Operationsverstärker
Lehr- und Arbeitsbuch zu angewandten Grundschaltungen
4., aktual. u. erw. Aufl. 2006. XII,
320 S. mit 532 Abb.
Br. EUR 26,90
ISBN 978-3-8348-0183-8

Specovius, Joachim
Grundkurs Leistungselektronik
Bauelemente, Schaltungen
und Systeme
2., akt. u. erw. Aufl. 2008. XIV,
334 S. mit 467 Abb. u. 33 Tab.
(Studium Technik) Br. EUR 24,90
ISBN 978-3-8348-0229-3

Schlienz, Ulrich
Schaltnetzteile und ihre Peripherie
Dimensionierung, Einsatz, EMV
3., akt. u. verb. Aufl. 2007. XIV, 294 S.
mit 346 Abb. Br. EUR 39,90
ISBN 978-3-8348-0239-2

Zastrow, Dieter
Elektronik
Lehr- und Übungsbuch für
Grundschaltungen der Elektronik,
Leistungselektronik, Digitaltechnik /
Digitalisierung mit einem
Repetitorium Elektrotechnik
8., korr. Aufl. 2008. ca. XIV, 369 S. mit
425 Abb. 77 Lehrbeisp. u.
143 Übungen mit ausführl. Lösungen
Br. ca. EUR 29,90
ISBN 978-3-8348-0493-8

VIEWEG+ TEUBNER
Abraham-Lincoln-Straße 46
65189 Wiesbaden
Fax 0611.7878-400
www.viewegteubner.de

Stand Januar 2008.
Änderungen vorbehalten.
Erhältlich im Buchhandel oder im Verlag.

Teil II

Physikalische Anwendung

Kapitel 9

Bewegungsgleichungen numerisch gelöst

9.1 Die ungedämpfte harmonische Schwingung

Ein Körper der Masse m ist an einer Feder befestigt.

Eine Feder kann entlang Ihrer Achse zusammengedrückt oder auseinandergezogen werden. Tut man dies entlang hinreichend kurzer Wege s – und jede Feder verträgt andere Wege – dann verspürt man beim Drücken oder beim Ziehen ein- und die gleiche entgegenwirkende Kraft, und diese wird mit dem Weg grösser. Macht man die Feder also nicht kaputt, so gilt das lineare Kraftgesetz

$$F_{Feder} \sim s$$

oder

$$\vec{F} = -D \cdot \vec{s} \tag{9.1}$$

In Gleichung 9.1 steht ein Minuszeichen, weil die Federkraft stets der Auslenkung entgegenwirkt. Diese Federkraft bewirkt eine Beschleunigung des Körpers gemäss $a = \frac{F}{m}$, damit wird Gleichung 9.1 zu

$$\vec{a}(t) = -\frac{D}{m} \cdot \vec{s}(t) \tag{9.2}$$

Gleichung 9.2 ist die Bewegungsgleichung für unseren harmonischen Schwinger. Wir werden sie etwas vereinfachen, indem wir den Quotienten $\frac{D}{m}$ willkürlich zu 1 wählen, ohne die Einheiten weiter zu betrachten!

$$a(t) = -1 \cdot s(t) \tag{9.3}$$

Wir wollen die Weg-Zeit-Funktion $s(t)$ für unseren Schwinger finden, hierzu schreiben wir

$$s(t + \Delta t) \approx s(t) + \Delta t \cdot v(t) \tag{9.4}$$

ebenso gilt für die Geschwindigkeit

$$v(t + \Delta t) \approx v(t) + \Delta t \cdot a(t) = v(t) - \Delta t \cdot s(t) \qquad (9.5)$$

die fette Hervorhebung folgt aus 9.3. Wir haben für unsere schrittweise Annäherung an die Weg-Zeit-Funktion somit die beiden Gleichungen 9.4 und 9.5.Wir starten zur Zeit $t = 0s$ am Ort $s(0) = 1$ mit der Anfangsgeschwindigkeit $v(0) = 0$.Jetzt können wir unsere Weg-Zeit-Funktion in Zeitschritten von $\Delta t = 0,1s$ entwickeln.

$$s(0,1) = s(0) + 0,1 \cdot v(0) = 1$$

$$v(0,1) = v(0) - 0,1 \cdot s(0) = -0,1$$

Mit diesen Werten folgt

$$s(0,2) = 1 - 0,1 \cdot 0,1 = 0,99$$

Die weiteren Berechnungsschritte überlassen wir dem Computer und erhalten als Orts-Zeit-Kurve die Funktion $s(x) = \cos(x)$ und als Geschwindigkeits-Zeit-Kurve die Funktion $v(x) = -sin(x)$. Bereits mit diesen einfachen Mitteln, Gleichungen 9.4 und 9.5, sind wir in der Lage ungedämpfte Schwingungen mathematisch zu beschreiben. In den Ausdrücken $\cos(x)$ und $sin(x)$ haben die Argumente x keine Einheit. Das ist zur Erfassung des physikalischen Sachverhaltes noch nicht hinreichend. Wir müssen das relle Argument der Funktionen sin und cos untersuchen. Wie können wir die Funktion $\alpha(t)$ beschreiben? Der Winkel α durchläuft bei einer vollen Umdrehung $0°$ bis $360°$ oder 0 bis 2π im Bogenmaß, danach wiederholt sich alles. Dem Bogenmaß 2π entspricht die Umlaufzeit T, und für Zeiten $t < T$ haben wir einen kleineren Winkel, gerade den Bruchteil

$$2 \cdot \pi \cdot \frac{t}{T} = 2\pi \cdot f \cdot t = \omega \cdot t$$

Das ist unsere Funktion: $\alpha(t) = \omega \cdot t$.

Programm 9.1: Programm zur numerischen Lösung der Schwingungsgleichung

```
#include <stdio.h>
#include <stdlib.h>
#include <math.h>
#define N 601
int main( void )
{
    int i = 0;
    float s[N+1],v[N+1],t[N+1];
    float dt = 0.01;
    FILE *f_ptr = NULL;
    s[0]=1;
    v[0]=0;
    t[0]=0;
    printf("NUMERISCHE LÖSUNG DER SCHWINGUNGSGLEICHUNG\n");
```

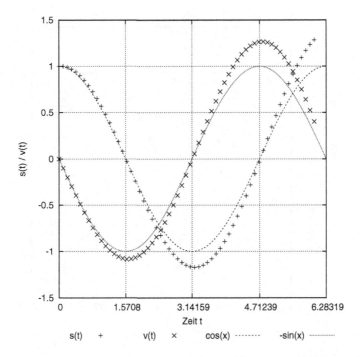

Abbildung 9.1 : Numerische Lösung der Schwingungsgleichung für $\Delta t = 0.1s$. Nach etwa 1 Sekunde zeigen sich deutliche Abweichungen.

```
f_ptr = fopen("daten/s(t)_v(t).csv", "w+");
for ( i = 1 ;  i < N + 1 ; i++ )
  {
    s[i] = s[i-1] + dt * v[i-1];
    v[i] = v[i-1] - dt * s[i-1];     /* - Vorzeichen wegen DGL! */
    t[i] = t[i-1] + dt;
    fprintf( f_ptr ,"%.2f %.3f %.3f\n",t[i-1],s[i-1],v[i-1]);
  }
fclose( f_ptr );
return( EXIT_SUCCESS );
```

9.2   Gedämpfte Schwingungen – the real case

Jedes makroskopische schwingende System kommt nach einer gewissen Zeit zur Ruhe, wenn es nicht von außen ständig angeregt wird. Dieses »zur Ruhe kommen« ist Folge von Energieverlust durch Reibung. Man kann nun vereinfachend die vielfältigen Mechanismen, die Reibung

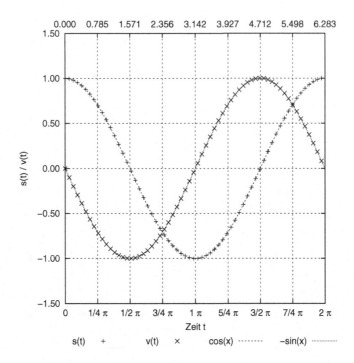

Abbildung 9.2 : Numerische Lösung der Schwingungsgleichung für $\Delta t = 0.01s$. Nur jeder hundertste Wert wird angezeigt. Der Rechenaufwand erhöht sich, damit aber auch die Genauigkeit.

bedeuten, zu einer einzigen Kraft – der Reibungskraft F_R – zusammenfassen. Diese Reibungskraft soll proportional zur Geschwindigkeit sein, aber der Bewegungsrichtung entgegengesetzt. k heißt Reibungsfaktor oder Dämpfungskonstante.

$$\vec{F}_R = -k \cdot \vec{v}$$

F_R schwächt die Wirkung der Federkraft – nämlich die Beschleunigung des angehängten Körpers – ab: in Gleichung 9.1 kommt aus diesem Grund zur äußeren Kraft F noch die Kraft F_R mit negativem Vorzeichen hinzu.

$$F - F_R = -D \cdot s \tag{9.6}$$

Diese Gleichung lautet ausgeschrieben

$$m \cdot a(t) + k \cdot v(t) = -D \cdot s(t)$$

oder

$$a(t) = -\frac{k}{m} \cdot v(t) - \frac{D}{m} \cdot s(t) \tag{9.7}$$

Das Zeitargument in Klammern soll aufzeigen, daß die drei Bewegungsgrößen s, v, a zu jedem Zeitpunkt einen anderen Wert haben, und daß sie über Gleichung 9.6 zusammenhängen. Mit der Beziehung

$$s'(t) = v(t) \tag{9.8}$$

lässt sich Gleichung 9.7 umschreiben in

$$v'(t) = -\frac{k}{m} \cdot v(t) - \frac{D}{m} \cdot s(t) \tag{9.9}$$

Gleichungen 9.8 und 9.9 stellen ein System von zwei Differentialgleichungen *erster Ordnung* dar: jede Größe wird nur einmal nach der Zeit abgeleitet. Dieses System bildet die Grundlage der numerischen Berechnung, also der schrittweisen Lösung von 9.7 mit dem Ziel, die Weg-Zeit-Funktion s(t) zu zeichnen. Mit der einfachen Näherung $f(t + \Delta t) \approx f(t) + \Delta t \cdot f'(t)$ für hinreichend kleine Zeitschritte Δt erhält man

$$s(t + \Delta t) \approx s(t) + \Delta t \cdot v(t) \tag{9.10}$$

sowie

$$v((t + \Delta t) \approx v(t) - \Delta t \cdot \left[\frac{k}{m} \cdot v(t) + \frac{D}{m} \cdot s(t) \right] \tag{9.11}$$

Wir starten mit den gleichen Randbedingungen wie beim ungedämpften Fall: $s(0) = 1$, $v(0) = 0$, sowie mit $D = 10$ für die Federkonstante und $m = 0.1$ für die Masse. Man rechnet nun leicht:

Programm 9.2: Programm zur numerischen Lösung der Schwingungsgleichung mit Dämpfung

```c
#include <stdio.h>
#include <stdlib.h>
#include <math.h>
#define N 500
int main( void )
{
   int i = 0;
   float s[N+1],v[N+1],t[N+1];
   float dt = 0.01;
   float m = 0.0,D = 0.0, k = 0.0;
   FILE *f_ptr  = NULL;
   FILE *f_ptr2 = NULL;
   s[0]=1;
   v[0]=0;
   t[0]=0;
   f_ptr  = fopen("daten/damped_k015.csv", "w+");
   f_ptr2 = fopen("daten/dat_ampl.csv", "w+");
   printf("Gedämpfte Schwingung\n");
   printf("Masse m eingeben: ");
   scanf("%f",&m);
   printf("Federkonstante D eingeben: ");
```

```
  scanf("%f",&D);
  printf("Dämpfungskonstante k eingeben: ");
  scanf("%f",&k);
  printf("Zeit t Ort s(t) Geschwindigkeit v(t)\n");
  for ( i = 1 ; i < N + 1 ; i++ )
  {
     s[i] = s[i-1] + dt * v[i-1];
     v[i] = v[i-1] - dt*((k/m)*v[i-1]+(D/m)*s[i-1]);
     t[i] =t[i-1] + dt;
     fprintf(f_ptr,"%.2f %.3f %.3f\n",t[i-1],s[i-1],v[i-1]);
  }
  for ( i = 1 ; i < N + 1 ; i++ )
  {
     if( fabs(s[i])>fabs(s[i-1]) && fabs(s[i])>fabs(s[i+1]))
     fprintf(f_ptr2,"%.2f %.3f\n",t[i],fabs(s[i]));
  }
  fclose(f_ptr);
  fclose(f_ptr2);
  return( EXIT_SUCCESS );
}
```

9.2.1 Amplitudenfunktion

Die Weg-Zeit-Funktion s(t) ist in der Zeit harmonisch - also eine Sinus-Funktion. Wir machen den Ansatz

$$s(t) = A(t) \cdot \sin(\omega \cdot t)$$

mit zunächst unbestimmter Amplitudenfunktion $A(t)$, für die jedoch nach unseren Randbedingungen $A(0) = 1$ und $A(t) < 1$ *sonst* gelten muß. Als nächstes lassen wir vom Programm die lokalen Extrema – also die lokalen Hoch- und Tiefpunkte – betragsmäßig wie folgt ausgeben. Die berechneten Werte von s(t) liegen in einem eindimensionalen Vektor $s[N]$ der Länge N vor:

$$[s_0; ...; s_{i-1}; s_i; s_{i+1}; ...; s_{N-1}]$$

Für jedes i, $1 \leq i \leq N$ sucht das Programm nach Werten $s[i]$ die kleiner oder größer als ihr linker *und* ihr rechter Nachbar sind,

$$wenn \ (|s[i]| > |s[i-1]| \ und \ zugleich \ |s[i]| > |s[i+1]|)$$

und gibt sie aus.

Man findet nach Berechnung der relativen Änderungsraten jeweils aufeinanderfolgender Werte

$$A_{i+1} = 0.618 \cdot A_i$$

und damit

$$A_i = (0.618)^i \cdot A_0$$

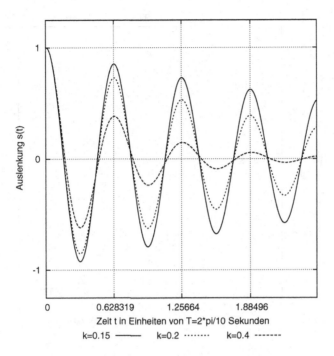

Abbildung 9.3 : Gedämpfter Schwinger für verschiedene Dämpfungskonstanten k. Die Schwingungsdauer T ist konstant: Der Energieverlust zeigt sich im Amplitudenabfall.

t	$A_i(t)$	A_{i+1}/A_i
0.00	1.00	
0.32	0.619	0.619
0.64	0.383	0.618
0.95	0.237	0.618
1.27	0.147	0.620
1.58	0.091	0.619
1.90	0.056	0.615

Tabelle 9.1 : Gedämpfter Schwinger mit k=0.4: für die ersten 7 Amplituden-Extrema ist die relative Änderungsrate aufeinanderfolgender Werte berechnet; offensichtlich gilt $A_{i+1} = 61.8\%$ von A_i

oder

$$A(t) = (0.618)^{\frac{10}{\pi} \cdot t} \cdot A_0$$

denn man hat ganzzahlige Schritte i für $t = k \cdot \pi/10$, $k = 0; 1; 2; 3; \dots$ Diese Exponentialfunktion

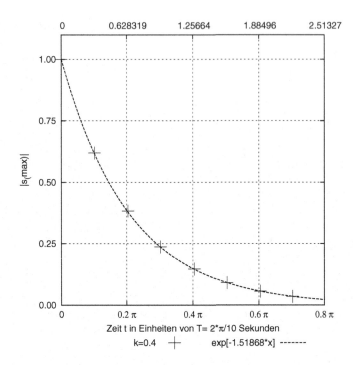

Abbildung 9.4 : Die Amplitudenfunktion ist eine $e - Funktion$.

läßt sich als e-Funktion umschreiben:

$$A(t) = e^{-1.51868 \cdot t} \cdot A_0$$

Die Weg-Zeit-Funktion der gedämpften Schwingung lautet somit

$$s(t) = e^{-1.51868 \cdot t} \cdot \sin(10 \cdot t) \; mit \; m = 0.1 \; und \; D = 10$$

9.2.2   Phasenraum-Darstellung des harmonischen Schwingers

An dieser Stelle sollen die Kurven des ungedämpften und des gedämpften harmonischen Schwingers im sog. *Phasenraum* verglichen werden; der (zweidimensionale) Phasenraum ist ein Koordinatensystem, in dem auf der Rechtsachse die Ortskoordinate und auf der Hochachse die zugehörige Geschwindigkeit des Schwingers angetragen werden.

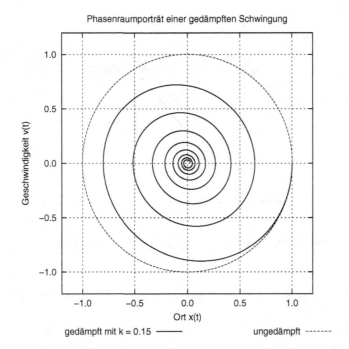

Abbildung 9.5 : Grenzzyklus (ungedämpft) und Fixpunkt (gedämpft) im Phasenraum für den harmonischen Oszillator.

9.3 Planetenbahnen – Zentralbewegung

Ausgestattet mit dem Grundgesetz der Mechanik

$$F = m \cdot a$$

und dem Newtonschen Gravitationsgesetz

$$G = \gamma \cdot \frac{M \cdot m}{r^2}$$

werden wir näherungsweise die Bahn eines Planeten um die Sonne berechnen und wir werden sehen, daß diese Bahn, wenn sie geschlossen ist, eine Ellipse ist, nicht ein Kreis! Im nicht-geschlossenen Fall kommen Parabeln oder eine Hyperbeln heraus: man sagt, die Bahn schließt sich im Unendlichen und drückt damit aus, daß der Flugkörper das Gravitationsfeld des Zentral-körpers für sehr lange Zeit verlässt.

Wir betrachten unseren Planeten P im Abstand R von der Sonne. Nach Newton wirkt auf ihn die Schwerkraft, die ihn auf die Sonne fallen lässt. Damit dies nicht geschieht, geben wir ihm eine

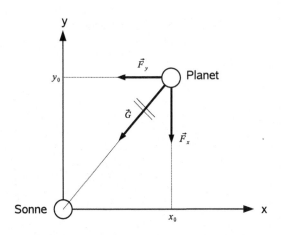

Abbildung 9.6 : Die Sonne sitzt unbeweglich im Ursprung des Koordinatensystems.

Anfangsgeschwindigkeit. Die Sonne setzen wir in den Ursprung des Koordinatensystems, den Planeten an die Stelle $R(x_0, y_0)$.

Die Abbildung zeigt den Planeten mit seinen Koordinaten x_0 und y_0 sowie der Verbindung $R = \sqrt{x_0^2 + y_0^2}$ zur Zeit $t = 0s$. Die Gravitationskraft G zerlegen wir in zwei Komponenten F_x und F_y; folgende Ähnlichkeiten liegen vor:

$$\frac{F_x}{G} = \frac{-x}{R}$$

und

$$\frac{F_y}{G} = \frac{-y}{R}$$

damit

$$F_x = -G \cdot \frac{x}{R}$$

oder

$$a_x = -\gamma \cdot M \cdot \frac{x}{R^3} \tag{9.12}$$

dasselbe für y:

$$a_y = -\gamma \cdot M \cdot \frac{y}{R^3} \tag{9.13}$$

Wir können also mit Gleichungen 9.12 und 9.13 zu jedem Zeitpunkt die Beschleunigung des Planeten in x- Richtung und in y-Richtung berechnen. a_x und a_y addieren sich zu einer Gesamtbeschleunigung entlang R, da wir ihn aber in Richtung der y-Achse anstoßen, »fällt« er immer an der Sonne vorbei.

Die Beträge für Ort und Geschwindigkeit zur Zeit $t = 0$ kann man beliebig wählen. Das Produkt $\gamma \cdot M$ wählen wir willkürlich zu 1, ohne Beachtung der Einheit. Wir starten mit $v_x(0) = 0$ und

$v_y(0) = 1.2$ am Ort $R(0.6|0)$. Wo befindet sich unser Planet nach $\Delta t = 0.1s$? An dieser Stelle machen wir eine Näherung: wir sagen, es handelt sich näherungsweise um eine gleichmäßig beschleunigte Bewegung. Für Zeitschritte $\Delta t = 0.1s$ rechnen wir mit einer konstanten Beschleunigung.Für diese kleinen Zeitschritte sind die Ergebnisse ganz beachtlich. In jedem Zeitpunkt ändert sich die Geschwindigkeit des Planeten, aber auch seine Beschleunigung gemäß Gleichungen 9.12 und 9.13, also machen wir kleine Zeitschritte und rechnen während dieser Dauer immer mit einer konstanten Beschleunigung. Zunächst berechnen wir die Geschwindigkeit für einen halben Zeitschritt, also $t = 0.05s$.

$$v_x(0.05) = v_x(0) + a_x(0) \cdot \Delta t/2 = -0.14$$

und

$$v_y(0.05) = v_y(0) + a_y(0) \cdot \Delta t/2 = 1.2$$

Jetzt können wir den Ort des Planeten zur Zeit $t = 0.1$, $(x_{0.1}|y_{0.1})$ berechnen:

$$x(0.1) = x(0) + v_x(0.05) \cdot 0.1 = 0.59$$

und

$$y(0.1) = y(0) + v_y(0.05) \cdot 0.1 = 0.12$$

Im nächsten Schritt berechnen wir dann die Beschleunigungen $a_x(0.1)$ und $a_y(0.1)$, die Geschwindigkeiten $v_x(0.15)$, $v_y(0.15)$ sowie die Koordinaten $x(0.2)$ und $y(0.2)$. Die weiteren Rechenschritte übernimmt der Computer.

Zeit	x	v_x	a_x	y	v_y	a_y	R	$\frac{1}{R^3}$
0	0.60	0.00	-2.78	0.00	1.20	0.00	0.60	4.63
0.05		-0.14			1.20			
0.10	0.59		-2.74	0.12		-0.56	0.60	4.67
0.15		-0.28			1.17			
0.20	0.56		-2.50	0.24		-1.06	0.61	4.48
...	...	...	...	...	...	...	...	...

Tabelle 9.2 : Die ersten 0.2 Sekunden der Planetenbewegung: die Berechnung läßt sich auch leicht mit einer Tabellenkalkulation erledigen.

Programm 9.3: Programm zur Lösung des Kepler - Problems

```c
#include <stdio.h>
#include <stdlib.h>
#include <math.h>
#define N 2500
int main( void )
{
```

```
int i = 0;
float dt = 0.01;
float x[N+1], v_x[N+1], a_x[N+1];
float y[N+1], v_y[N+1], a_y[N+1];
float R[N+1], R_3W[N+1];
FILE *f_ptr = NULL;
f_ptr = fopen( "daten/kepdat_v06_001.csv" , "w+" );
printf("Numerische Lösung des Kepler-Problems\n");
/* Randbedingungen */
x[0]   = 0.6;      /* x - Ort des Planeten zu Beginn */
y[0]   = 0.0;      /* y - Ort des Planeten zu Beginn */
v_x[0] = 0.0;      /* x - Geschwindigkeit am Anfang */
v_y[0] = 0.6;      /* y - Geschwindigkeit am Anfang */
/* Berechnung */
for( i = 1 ; i < N + 1 ; i++ )
{
  R[i-1]     = sqrt(x[i-1]*x[i-1]+y[i-1]*y[i-1]);
  R_3W[i-1] = 1/(R[i-1]*R[i-1]*R[i-1]);
  a_x[i-1]   = -x[i-1]*R_3W[i-1];
  a_y[i-1]   = -y[i-1]*R_3W[i-1];
  v_x[i]     = v_x[i-1]+a_x[i-1]*dt/2;     /* v!=const. über dt/2 */
  v_y[i]     = v_y[i-1]+a_y[i-1]*dt/2;     /* v!=const. über dt/2 */
  x[i]       = x[i-1]+v_x[i]*dt;
  y[i]       = y[i-1]+v_y[i]*dt;
  fprintf( f_ptr ,"%.2f %.2f %.2f %.2f",R[i-1],
          R_3W[i-1],a_x[i-1],a_y[i-1] );
  fprintf( f_ptr ," %.2f %.2f %.2f %.2f\n",
          v_x[i-1], v_y[i-1],x[i-1],y[i-1] );
}
fclose( f_ptr );
return( EXIT_SUCCESS );
}
```

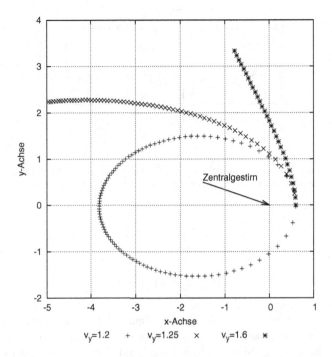

Abbildung 9.7 : Wenn man $v_y = 1.20$ nur um 4.2% vergrößert, tritt eine empfindliche Änderung der Bahn auf. Die Bahn ist unter Umständen nicht mehr geschlossen und der Himmelskörper bewegt sich auf einer parabolischen oder hyperbolischen Bahn.

9.4 Einschaltvorgang: Stromkreis mit Spule

Schließt man den Schalter, so beobachtet man einen verzögerten Stromanstieg am Zeigerinstrument, oder ein retardiertes Aufleuchten eines in den Kreis geschalteten, geeigneten Glühlämpchens. Nach Einschalten liegt also für einige Zeit nicht die volle Batteriespannung U_0 am Verbraucher, sondern nur die Summe aus U_0 und $U_{ind} = -L \cdot \dot{I}$

$$U(t) = U_0 - L \cdot \frac{dI}{dt}$$

für die Stromstärkefunktion ergibt sich

$$I(t) = \frac{U_0}{R} - \frac{L}{R} \cdot \frac{dI}{dt}$$

oder

$$\frac{dI}{dt} = \frac{U_0}{L} - \frac{R}{L} \cdot I \tag{9.14}$$

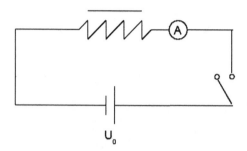

Abbildung 9.8 : Stromkreis mit Spule hoher Induktivität: die anfänglich beschleunigt in die Windungen der Spule hinein-
fliessenden Elektronen erzeugen ein ansteigendes Magnetfeld, welches zunächst den Stromanstieg behindert: Induktiver
Widerstand der Spule.

mit den Randbedingungen

$$I(0) = 0, \; I(t \to \infty) = \frac{U_0}{R} = I_\infty \tag{9.15}$$

Gleichung 9.14 hat die Form $y' = a - b \cdot y$ und ist damit ein Beispiel einer *autonomen, linearen
Differentialgleichung 1. Ordnung* (rechte Seite zeitunabhängig, es tritt nur die 1. Ableitung auf).
Eine solche Gleichung darf nicht verwechselt werden mit $y'(x) = a - b \cdot x$,hier kann sofort nach
den Regeln der Polynomintegration eine Stammfunktion angeschrieben werden: $y(x) = a \cdot x -
0.5 \cdot b \cdot x^2$.

Aus Gleichung 9.14 und der Randbedingung $I(0) = 0$ folgt sofort

$$I'(0) = \frac{U_0}{L} - \frac{R}{L} \cdot I(0) = \frac{U_0}{L} \tag{9.16}$$

Jetzt können wir mit dem zuvor entwickelten Ansatz näherungsweise schreiben:

$$I(0 + \Delta t) \approx I(0) + \Delta t \cdot I'(0) = 0 + \Delta t \cdot \frac{U_0}{L} \tag{9.17}$$

damit lässt sich $I'(0 + \Delta t)$ berechnen:

$$I'(0 + \Delta t) = \frac{U_0}{L} - \frac{R}{L} \cdot I(0 + \Delta t) = \frac{U_0}{L} - \frac{R}{L} \cdot \Delta t \cdot \frac{U_0}{L} \tag{9.18}$$

Mit den Werten des Versuchs - $L = 630H$, $R = 280\Omega$, $U_0 = 30V$ - ergeben sich $I(0 + 0.1) =
0.0047A$ und $I'(0 + 0.1) = 0.0455A \cdot s^{-1}$. Die weiteren Rechenschritte übernimmt der Computer.

Dieses nach *EULER* benannte Verfahren zur numerischen Lösung einer Differentialgleichung funktioniert also folgendermaßen:

Wir kennen den Zusammenhang zwischen der Stromstärkefunktion und ihrer zeitlichen Änderung, Gleichung 9.14, sowie den Anfangswert zur Zeit $t = 0$, jedoch nicht die Funktion $I(t)$. Mit diesem Anfangswert hat man aber die Änderungsrate der Funktion für $t = 0$, $I'(0)$, anschaulich die Steigung der gesuchten Kurve. Dieser Wert dient uns in Gleichung 9.17 zur Berechnung des nächsten Funktionswertes $I(0 + \Delta t)$. Die Näherung besteht also in der Annahme, die gesuchte Funktion sei über Zeitintervalle Δt linear, wir konstruieren gewissermaßen ein Polygon, das wir durch Wahl *kleiner* Δt hinreichend glatt machen!

Programm 9.4: Programm zur numerischen Lösung des Induktionsvorgangs bei einer Spule

```c
#include <stdio.h>
#include <stdlib.h>
#include <math.h>
#define N 150
int main( void )
{
    int k = 0;
    float dt = 0.1;
    float i[N+1], vi[N+1];
    FILE *f_ptr = NULL;
    printf( "Numerische Lösung der DGL\n" );
    f_ptr = fopen( "daten/i_t.csv" , "w+" );
    i[0] =  0.0;       /* Anfangswert */
    vi[0]= 30.0/630.0; /*Anfangswert */
    for( k = 1 ; k < N+1 ; k++)
      {
          i[k] = i[k-1]+dt*vi[k-1];  /* k. Naeherung */
          vi[k] = 30.0/630.0 -280.0/630.0*i[k];
          fprintf(f_ptr ,"%.2f %.4f\n" ,(k-1)*dt ,i[k-1]);
      }
    fclose(f_ptr);
    return( EXIT_SUCCESS );
}
```

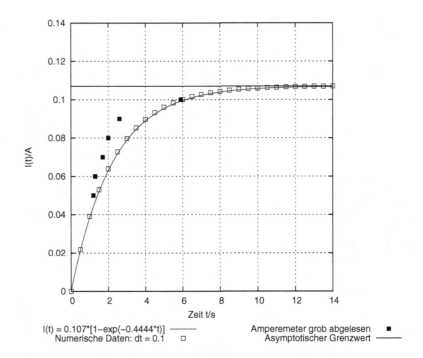

I(t) = 0.107*[1−exp(−0.4444*t)] ——   Amperemeter grob abgelesen ■
Numerische Daten: dt = 0.1 □   Asymptotischer Grenzwert ——

Abbildung 9.9 : Die numerische Lösung des Einschaltvorgangs erfasst die exakte Lösung $I(t) = I_\infty \cdot (1 - e^{-\frac{R}{L} \cdot t})$ recht gut, während die Ablesung des Ampermeter mit Stopuhr den Vorgang allenfalls tendenziell bestätigt.

9.5   Schräger Wurf mit Luftwiderstand

9.5.1   Modellierung der Einflussgrößen

Der in Kapitel 3 betrachtete *schräge Wurf nach oben* ist zunächst reine Theorie. Denn dort sind sämtliche physikalischen Eigenschaften des Körpers und der umgebenden Luft ausgeschlossen – lediglich das Gravitationsgesetz kam zur Anwendung. Will man den Vorgang in höherem Maße real abbilden, so muß man näherungsweise den Einfluss der Luftreibung einbauen. Als Einflussgrößen kommen darüberhinaus Masse und Gestalt des Wurfkörpers (des Geschosses) in Betracht. Man findet als gute Näherung für die Luftreibung eine widerstrebende Kraft, die mit dem Quadrat der Geschwindigkeit zunimmt;

$$F_{Luftreibung} \sim v^2$$

Für kleine Geschwindigkeiten ist ihr Einfluss also gering, wächst dann aber überproportional an. Im Ergebnis sollen Punktepaare $[x(t)|y(t)]$ die Bahnkurve näherungsweise beschreiben. Wir gehen von der Parametrisierung

$$\begin{pmatrix} a_x(t) \\ a_y(t) \end{pmatrix} = \begin{pmatrix} 0 - k \cdot \sqrt{v_x^2 + v_y^2} \cdot v_x \\ -g - k \cdot \sqrt{v_x^2 + v_y^2} \cdot v_y \end{pmatrix}$$

der Bewegungsgleichung aus. Der Reibungsfaktor k soll den Einfluss der Geschwindigkeit gewichten. Masse und Gestalt des Flugkörpers seien ebenfalls in k enthalten. Die Reibungskraft in der Gestalt

$$F_{Luftreibung} \sim -g - k \cdot \sqrt{v_x^2 + v_y^2} \cdot v_y$$

etwa für die y-Komponente berücksichtigt den Vorzeichenwechsel von $\vec{v_y}$ nach dem Hochpunkt der Bahnkurve. Sobald $\vec{v_y}$ nach unten zeigt, wirkt der Reibungsterm der Gravitationskraft entgegen. Die Gewichtung der Reibung bleibt für beide Teilbewegungen davon unberührt. Nach Wahl der Anfangsbedingungen Wurfwinkel α, Geschwindigkeit $\vec{v_0}$ und Zeitschritt dt hat man zur numerischen Lösung der Bewegungsgleichungen die folgenden Schritte:

1. $v_x(0) = v_0 \cdot \cos(\alpha)$ und $v_y(0) = v_0 \cdot \sin(\alpha)$ somit $a_x(0) = -k \cdot \sqrt{v_x^2(0) + v_y^2(0)} \cdot v_x(0)$

   und $a_x(0) = -g - k \cdot \sqrt{v_x^2(0) + v_y^2(0)} \cdot v_y(0)$

2. $v_x(dt/2) = v_x(0) + a_x(0) \cdot dt/2$ und $v_y(dt/2) = v_y(0) + a_y(0) \cdot dt/2$

3. $x(dt) = x_0 + v_x(dt/2) \cdot dt$ und $y(dt) = y_0 + v_y(dt/2) \cdot dt$

4. Jetzt erfolgt die Berechnung der Beschleunigungen zur Zeit dt und mit diesem Ergebnis die Berechnung der Geschwindigkeiten für das nächste Zeitintervall $dt/2$, schließlich die Berechnung der Koordinaten zur Zeit $2 \cdot dt$ usw...

Programm 9.5: Numerische Lösung des schrägen Wurfes mit Reibung

```c
#include <stdio.h>
#include <stdlib.h>
#include <math.h>
#define    dt  0.05
#define    k   0.005
#define    N   400
#define alpha  45*2*3.14158/360
#define    v0  70
#define    g   9.81
int main( void )
{
    int  i;
    double  x[N], v_x[N], a_x[N];
    double  y[N], v_y[N], a_y[N];
```

```
FILE *f_ptr = NULL;
x[0] = 0.0; v_x[0] = v0 * cos( alpha );
y[0] = 0.0; v_y[0] = v0 * sin( alpha );
a_x[0] = -k*sqrt(v_x[0]*v_x[0] + v_y[0]*v_y[0])*v_x[0];
a_y[0] = -g - k*sqrt(v_x[0]*v_x[0] + v_y[0]*v_y[0])*v_y[0];
for( i = 1 ; i < N ; i++ )
  {
    v_x[i]=v_x[i-1]+a_x[i-1]*dt/2;
    v_y[i]=v_y[i-1]+a_y[i-1]*dt/2;
    x[i]=x[i-1]+v_x[i]*dt;
    y[i]=y[i-1]+v_y[i]*dt;
    a_x[i]=-k*sqrt(v_x[i]*v_x[i] + v_y[i]*v_y[i])*v_x[i];
    a_y[i]=-g - k*sqrt(v_x[i]*v_x[i] + v_y[i]*v_y[i])*v_y[i];
  }
f_ptr=fopen("daten/dat0005.csv","w+");
for ( i = 1 ; i < N ; i++ )
  {
    fprintf(f_ptr ,"%lf %lf\n",x[i],y[i]);
  }
fclose( f_ptr );
return( EXIT_SUCCESS );
}
```

9.5.2 Datenanalyse: Länge der Bahnkurve

Es müssen die Abstände benachbarter Bahnpunkte

$$(x[i]|y[i]) \text{ und } (x[i+1]|y[i+1])$$

berechnet und addiert werden. der erste Abstand (distance d) ist etwa

$$d[1] = \sqrt{(x[1] - x[0])^2 + (y[1] - y[0])^2}$$

Hierfür muß das Programm 9.5 um folgende Zeilen zur Berechnung der Bahnlänge erweitert werden, wobei diese neue Schleife zweckmäßigerweise aufgerufen wird, nachdem die Lösung feststeht. Im Programmausschnitt 9.6 ist dies beispielhaft gezeigt.

Programmausschnitt 9.6: Code zur Berechnung der Bahnlänge

```
double d[N], S = 0.0;
for( i = 1 ; i < N ; i++ )
{
  d[i] = sqrt((x[i]-x[i-1])*(x[i]-x[i-1]) +
  (y[i]-y[i-1])*(y[i]-y[i-1]));
  S += d[i];
  }
printf("S= %lf\n",S);
```

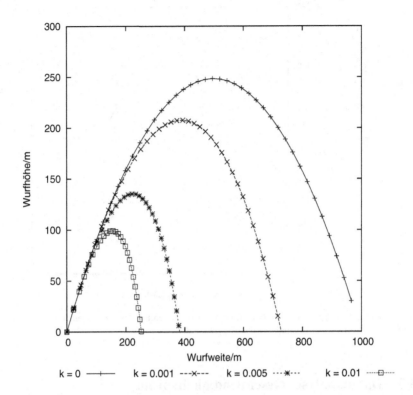

Abbildung 9.10 : Schräger Wurf mit Luftreibung. Die Anfangsgeschwindigkeit beträgt $v_0 = 70 \frac{m}{s}$ und der Abwurfwinkel $\alpha = 50°$. Die Schrittweite für die numerische Lösung der Bewegungsgleichungen ist $dt = 0.05$, eingezeichnet ist nur jeder 10. Wert der Berechnung. Die Bahnkurve für $k = 0$, also ohne Reibung, dient der Kontrolle des Modells – ohne Reibung muß eine Parabel 2. Grades herauskommen.

In Abhängigkeit von der Reibung ergeben sich folgende Bahnlängen:

Reibungskoeffizient k	Bahnlänge S
0	1126,96 m
0,001	863,90 m
0,005	487,57 m
0,01	335,09 m

Tabelle 9.3 : Der Reibungskoeffizient k und die zugehörige Bahnlänge $S(k)$ für $v_0 = 70 \frac{m}{s}$ und den Abwurfwinkel $\alpha = 50°$.

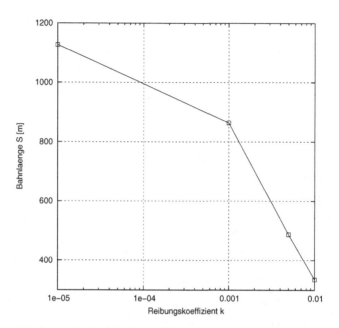

Abbildung 9.11 : Die x-Achse ist logarithmiert! Da die abgebildeten Punkte *nicht* auf einer *gemeinsamen* Geraden liegen, ist die Funktion $S(k)$ jedenfalls keine negative Exponentialfunktion!

9.5.3   Datenanalyse: Geschwindigkeitsprofil

Zunächst müssen wir für jeden der drei Reibungsfälle die Flugzeit ermitteln, damit nicht Geschwindigkeiten unter der Erdoberfläche berechnet werden. Im Programm benötigen wir lediglich ein paar Zeilen, mit denen der erste y-Wert $y[i]$ kleiner Null gefunden wird. Der angezeigte Index i, abzüglich einer 1, multipliziert mit $dt = 0.05$ ergibt die Flugzeit in Sekunden bis zum Auftreffen auf den Boden.

Programm 9.7: Analyse des Geschwindigkeitsprofils

```
for ( i = 1 ; i < N ; i++ )
{
    if ( y[i] < 0.0 && y[i-1] > 0.0 )
    for ( i = 1 ; i < j ; i++ )
    {
        d[i] = sqrt((x[i]-x[i-1])*(x[i]-x[i-1])
               +(y[i]-y[i-1])*(y[i]-y[i-1]));
        S += d[i];
    }
    printf("S = %lf\nFlugzeit=%lf\nIndex = %d",S,(j-1)*dt,i);
}
```

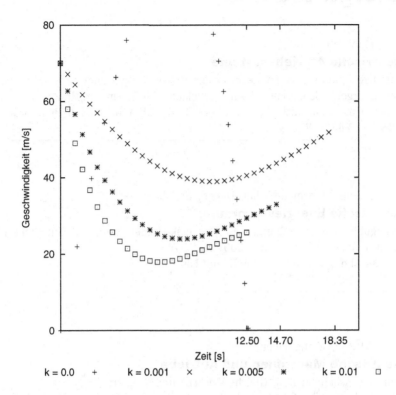

Abbildung 9.12 : Die Geschwindigkeiten $v(t) = \sqrt{v_x(t)^2 + v_y(t)^2}$ für unsere vier Fälle. Im Idealfall ohne Reibung ist die Energie eine Erhaltungsgröße: der Körper trifft mit seiner Anfangsgeschwindigkeit wieder auf dem Boden auf. Auf der x-Achse sind die Flugzeiten für die drei Reibungsfälle angeschrieben.

Energietechnik

Riefenstahl, Ulrich
Elektrische Antriebssysteme
Grundlagen, Komponenten, Regelverfahren, Bewegungssteuerung
Meins, Jürgen / Scheithauer, Rainer / Weidenfeller, Hermann (Hrsg.)
2., bearb. und erw. Aufl. 2006. XIII, 443 S. mit 388 Abb. u. 9 Tab. Br. EUR 34,90
ISBN 978-3-8351-0029-9

Heuck, Klaus / Dettmann, Klaus-Dieter / Schulz, Detlef
Elektrische Energieversorgung
Erzeugung, Übertragung und Verteilung elektrischer Energie für Studium und Praxis
7., vollst. überarb. u. erw. Aufl. 2007. XXIV, 762 S.
mit 638 Abb. u. 36 Tab. u. 75 Aufg. mit Lös. Geb. EUR 49,90
ISBN 978-3-8348-0217-0

Fuest, Klaus / Döring, Peter
Elektrische Maschinen und Antriebe
Lehr- und Arbeitsbuch für Gleich-, Wechsel- und Drehstrommaschinen
sowie Elektronische Antriebstechnik
7., akt. Aufl. 2007. X, 224 S. mit 265 Abb. zahlr. durchgerechn.
Beisp. und Üb. sowie Fragen und Aufg. zur Vertiefung des Lehrstoffs Br. EUR 23,90
ISBN 978-3-8348-0098-5

Flosdorff, René / Hilgarth, Günther
Elektrische Energieverteilung
9., durchges. und akt. Aufl. 2005. XIV, 390 S. mit 275 Abb. u. 47 Tab. Br. EUR 34,90
ISBN 978-3-519-36424-5

**VIEWEG+
TEUBNER**
Abraham-Lincoln-Straße 46
65189 Wiesbaden
Fax 0611.7878-400
www.viewegteubner.de

Stand Januar 2008.
Änderungen vorbehalten.
Erhältlich im Buchhandel oder im Verlag.

Teil III

Mathematische Modellbildung

Kapitel 10

Wachstumsprozesse

10.1 Stetiges logistisches Wachstum

Die Differentialgleichung

$$y'(t) = a \cdot y(t)$$

ist das einfachste Beispiel eines Wachstumsprozesses für $a > 0$. Dieses Wachstum ist jedoch nicht begrenzt, denn hier ist die Wachtumsrate einfach proportional zur Größe der Population. Man modelliert nun folgende Dynamik:

1. Solange $y(t)$ hinreichend klein, ist das Wachstum – die zeitliche Änderung – proportional zur momentanen Größe der Population.

2. Die Population kann nicht größer werden als eine Zahl M.

Man kommt somit zur Gleichung

$$y'(t) = a \cdot y(t) \cdot \left(1 - \frac{y(t)}{M}\right) \tag{10.1}$$

Solange $y(t) \ll M$, kann die Zahl $y(t)/M$ vernachlässigt werden: das Wachstum ist positiv und proportional zur momentanen Größe der Population. Erreicht $y(t)$ die Zahl M, erlischt das Wachstum.

Gleichung 10.1 hat die Form $y' = a \cdot y - b \cdot y^2$ und ist damit ein Beispiel einer *autonomen, nichtlinearen Differentialgleichung 1. Ordnung*.

Zur Lösung setzen wir willkürlich $M = 1000$, $y(0) = 2$ und $y'(0) = 0.75 \cdot y(0) = 1.50$, sowie $y(0 + \Delta t) \approx y(0) + \Delta t \cdot y'(0)$ mit $\Delta t = 0.1$. Die ersten Werte ergeben sich zu $y(0.1) = 2.1500$ und $y'(0.1) = 1.2354$. Die weiteren Rechenschritte übernimmt der Computer.

Programm 10.1: Logistisches Wachstum simuliert

```c
#include <stdio.h>
#include <stdlib.h>
#define N 1500
int main ( void )
{
    int i = 0;
    int M = 1000;
    float dt = 0.1;
    float a  = 0.75;
    FILE *f_ptr = NULL;
    float y[N + 1], vy[N + 1], dvy[N + 1];
    printf ("Numerische Lösung der LOGMAP\n");
    f_ptr = fopen ("daten/y_t.csv" , "w+");
    y[0] = 2.0;                      /*Anfangswert Ort */
    vy[0] = a * y[0];                /*Anfangswert Geschwindigkeit */
    for (i = 1; i < N + 1; i++)
      {
        y[i] = y[i - 1] + dt * vy[i - 1]; /* i. Naeherung */
        vy[i] = a * y[i] * (1 - y[i] / M);
        dvy[i] = (vy[i] - vy[i - 1]) / dt;
        fprintf (f_ptr, "%.2f %.4f %.4f %.4f\n",
                (i - 1) * dt, y[i - 1], vy[i - 1], dvy[i]);
      }
    fclose ( f_ptr );
    return( EXIT_SUCCESS );
}
```

Die Entwicklung verläuft zunächst exponentiell, biegt dann aber in begrenztes Wachstum ein, bis zum Erreichen des Grenzwertes. Mit Hilfe der gewonnenen Daten kann man z. B. untersuchen, ob und wie der Wendepunkt dieser Entwicklung vom Koeffizienten a abhängt. Insbesondere läßt sich mit den numerischen Ergebnissen der Kurvenverlauf von $y'(t)$ zeichnen.

10.2 Diskretes logistisches Wachstum

10.2.1 Der quadratische *Iterator*: Fixpunkte

Unter geringfügigen Veränderungen erhält man aus Gleichung 10.1 eine Gleichung die – losgelöst von Wachstummodellen – völlig neuartiges Verhalten zeigt. Zunächst setzten wir $M = 1$ und bezeichnen y als x:

$$x'(t) = a \cdot x(t) \cdot (1 - x(t))$$

Die Dynamik dieser Gleichung bedeutet in Worten:
Das Änderungsbestreben – die Tangentensteigung von x(t) zum Zeitpunkt t – ist für jedes t gegeben durch die rechte Seite der Gleichung. Über die Funktion x(t) ist weiter nichts bekannt!

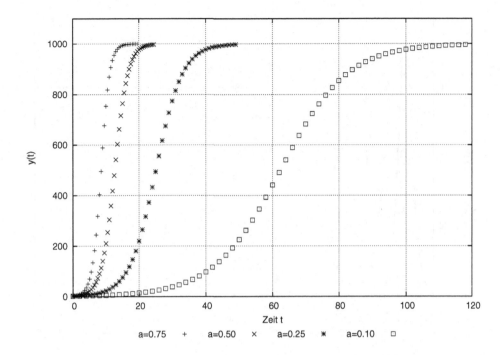

Abbildung 10.1 : Verlauf von $y(t)$ durch numerische Lösung von $y'(t) = a \cdot y(t) \cdot \left(1 - \frac{y(t)}{1000}\right)$ .Es ist jeweils jeder 10. Wert angezeigt.

Nun hatten wir oben diese Gleichung numerisch behandelt, so daß sehr wohl die Funktion $x(t)$ grafisch herauskam. Zu ganz anderen Ergebnissen kommt man jedoch, wenn die Zeitschritte nicht kontinuierlich sondern diskret – stückweise – gewählt werden. Man wählt einen Startwert x_0 und gibt ihn in die rechte Seite der Gleichung: $a \cdot x_0 \cdot (1 - x_0)$ - der Term benötigt »etwas Zeit«, um x_0 zu verarbeiten – heraus kommt ein Wert $x_1 = f_a(x_0)$, der *wiederum* (Lateinisch: ITERUM) in die rechte Seite hineingesteckt wird, usw... .Somit kommt man zur *Iteration* der Gleichung

$$x_{n+1} = a \cdot x_n \cdot (1 - x_n) \quad n = 0,1,2,3,4,5... \quad (10.2)$$

Bei Beschränkung $x_i \in (0;1)$ und $0 < a < 4$ entwickelt diese einfache Gleichung eine erstaunliche Dynamik, die Iteration stoppt beispielsweise in einem *Fixpunkt* $x*$, wenn $a < 3$:

$$f_{2.1}(0.2) = 0.336000 \looparrowright f_{2.1}(0.336000) = 0.468518 \looparrowright f_{2.1}(0.468518) = 0.522919$$

usw., nach weiteren drei Iterationen bleibt die Entwicklung im Fixpunkt $x_6 = x* = 0.523810$ stehen. Bei gleichem Startwert aber $a = 3.1$ treten zwei Fixpunkte $x_1* = 0.558014$ und $x_2* = 0.764567$ auf, zwischen denen der *Iterator* oszilliert. Die *Periode* des Prozesses hat sich also

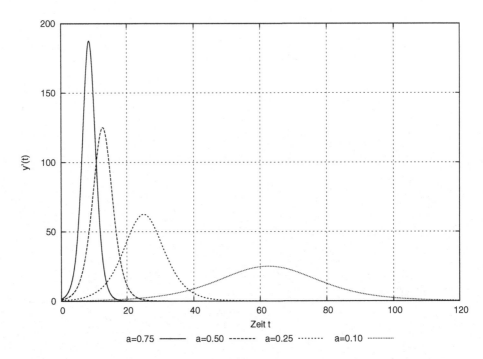

Abbildung 10.2 : Verlauf von $y'(t) = a \cdot y(t) \cdot \left(1 - \dfrac{y(t)}{1000}\right)$, nachdem $y(t)$ numerisch entwickelt wurde, für verschiedene Koeffizienten a.Die Kurven ergeben sich aus jeweils $N = 1500$ Berechnungen.

verdoppelt. Bei $a = 3.5$ tritt eine weiter Periodenverdopplung auf, so daß der Prozess zwischen den Werten $x_i* \in \{0.382820; 0.826941; 0.500884; 0.874997\}$ oszilliert.

Programm 10.2: Logistische Abbildung

```
#include <stdio.h>
#include <stdlib.h>
#define    N 100
#define x_0 0.2
#define    a  3.1
int main ( void )
{
   int i = 0;
   double f_n [N];
   FILE *f_ptr = NULL;
   f_n [0] = x_0;
   f_ptr = fopen ( "daten/dat_probe_31.csv" , "w+" );
   for (i = 1; i < N; i++)
```

```
{
    f_n[i] = a * f_n[i - 1] * (1 - f_n[i - 1]);
    fprintf (f_ptr, "%d %lf\n", i, f_n[i]);
}
fclose( f_ptr );
return( EXIT_SUCCESS );
}
```

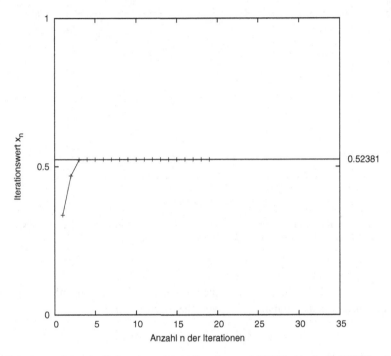

Abbildung 10.3 : Für $a = 2.1$ endet die Iteration auf dem Fixpunkt $x* = 0.523810$, d.h. $f_{2.1}(0.523810) = 0.523810$. Man sagt, die Entwicklung hat *Periode 1*.

10.2.2 *ORBIT*diagramm - Entgrenzung ins *Chaos*

Dieses seltsame Konvergenzverhalten des quadratischen Iterators kann man in einer Zusammenschau für sehr viele Werte des Kontrollparameters a in einem vorgegebene Intervall sichtbar machen. Hierzu lassen wir den Computer für Werte $a \in [1;4]$ und Schrittweite $\Delta a = 0.006$ jeweils $M = 500$ Iterationen berechnen. Visualisiert man diese Punktmenge, so erhält man gewissermaßen die Schicksalslinien des Iterators – wobei an manchen Stellen eine Gabelung (BIFURKATION) entsteht; d.h. bei der geringsten Änderung des Kontrollparameter-Wertes springt das

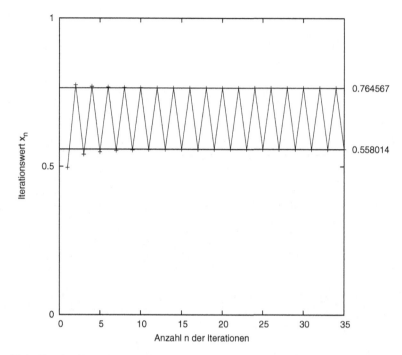

Abbildung 10.4 : Für den Kontrollparameter $a = 3.1$ stabilisiert sich die Entwicklung auf zwei Fixpunkten $x_1* = 0.558014$ und $x_2* = 0.764567$. Eine Verdopplung der Periode ist eingetreten.

System in ein anderes lokales Stabilitätsverhalten. Bereiche mit durchgehend grau lassen jedoch kein Stabilitätsmuster erkennen: man spricht von chaotischem Verhalten.

Programm 10.3: Diskrete logistische Abbildung

```
#include <stdio.h>
#include <stdlib.h>
#define    N 250
#define    M 500
#define x_0 0.5
int main ( void )
{
  int i = 0, j = 0;
  double a = 0.0, f_a_x[N];
  FILE *f_ptr = NULL;
  f_a_x[0] = x_0;
  f_ptr = fopen ("daten/dat_a_x.csv", "w+");
  for ( i = 0 , a = 1 ; i < M ; a += 0.006 , i++ )
    {
```

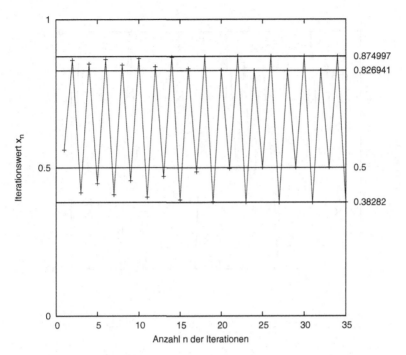

Abbildung 10.5 : Bei $a = 3.5$ liegt bereits die *Periode 4* vor. Der Prozess oszilliert zwischen den Werten $x_i* \in$ $\{0.382820; 0.826941; 0.500884; 0.874997\}$.

```
for ( j = 1 ; j < N ; j++ )
    {
        f_a_x[j] = a * f_a_x[j - 1] * (1 - f_a_x[j - 1]);
        fprintf (f_ptr, "%lf %lf\n", a, f_a_x[j]);
    }
}
fclose( f_ptr );
return( EXIT_SUCCESS );
}
```

10.2.3 Analytische Betrachtung

Wenn x^* ein Fixpunkt von Gleichung 10.2 ist, dann gilt nach genügend vielen Iterationsschritten

$$f_a(x^*) = x^* = a \cdot x^* \cdot (1 - x^*)$$

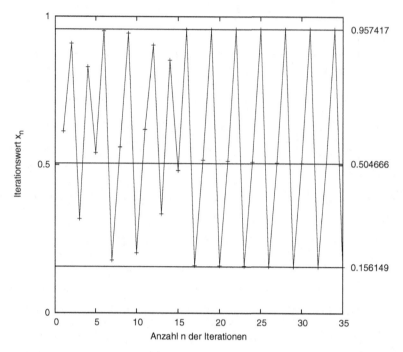

Abbildung 10.6 : Erstaunlicherweise geht der Prozess für den Kontrollparameter $a = 3.83$ bereits vor der 20. Iteration auf *Periode 3* zurück!

und somit

$$x^* = 1 - \frac{1}{a}$$

was mit unseren Beispielen übereinstimmt. Darüber hinaus sehen wir, daß für

$$0 < x_0 < \frac{1}{a}$$

die x_i gegen den Fixpunkt x^* konvergieren. Das folgt aus

$$f_a(x_0) \quad < \quad x^* \; solange \, x_0 < x^*$$

oder

$$a \cdot x_0 \cdot (1 - x_0) < 1 - \frac{1}{a}$$

und damit

$$x_0 - x_0^2 < \frac{1}{a} - \frac{1}{a^2}$$

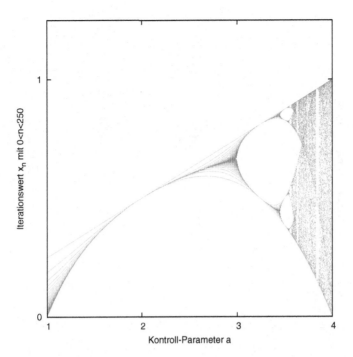

Abbildung 10.7 : ORBITdiagramm des quadratischen Iterators: hier sieht man gewissermaßen das Schicksal des Iterators für Werte des Kontrollparameters $a \in [1;4]$. Die *Spinnweben* um die scharfe Konvergenzlinie für $a < 3$ veranschaulichen die Dynamik des Konvergierens – des Strebens zu einem Fixpunkt hin: in der Nähe des Wertes $a = \pm 3$ findet das System zwei Fixpunkte zur Stabilisierung, danach 4 Fixpunkte, schließlich unendlich viele – und damit überhaupt keine mehr; das System wird *chaotisch*.

schliesslich

$$x_0 < \frac{1}{a}$$

was für den quadratischen Iterator für $a < 3$ zutrifft.

Man kann diese Abschätzung auch wie folgt herleiten: wenn x^* ein stabiler Fixpunkt sein soll, wenn also für fortschreitende Iterationen die Differenzen $f_a(x_{i+1}) - f_a(x_i)$ immer kleiner werden, dann bedeutet dieses *Kleiner-werden**[*] nichts anderes als

$$|f_a'(x_i)| < 1$$

für genügend große i, und damit

$$|f_a'(x^*)| = |(a \cdot x^* \cdot (1 - x^*))'| = |a - 2 \cdot a \cdot x^*| < 1$$

[*]Für genügend großes i liegt also x_{i+1} näher am Fixpunkt als an x_i!

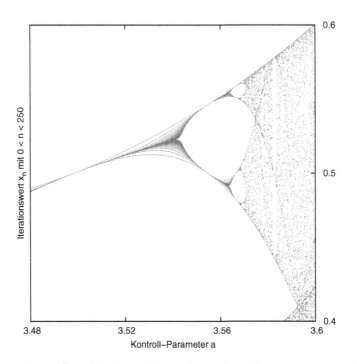

Abbildung 10.8 : Beachte die *Ähnlichkeit* dieser Abbildung, die nur einen kleinen Ausschnitt des vorherigen Orbitdiagramms darstellt. Diese *Selbstähnlichkeit* kann quantitativ festgemacht werden und ist charakteristisch für Prozesse mit chaotischer Dynamik. Der Weg ins Chaos verläuft offensichtlich über Periodenverdopplungen!

oder

$$|a - 2a(1 - \frac{1}{a})| = |a - 2a + 2| < 1$$

endlich

$$1 < a < 3$$

10.2.4   Übungen

1. Finde einen stabilen Fixpunkt des exponentiellen Iterators $f_a(x_n) = x_{n+1} = x_n \cdot e^{a \cdot (1 - x_n)}$ für $0 < a < 2$.

2. Zeichne das ORBITdiagramm des exponentiellen Iterators für $a > 1.9$.

Kapitel 11

Teilchen im Kasten

11.1 Zweidimensionales Modell

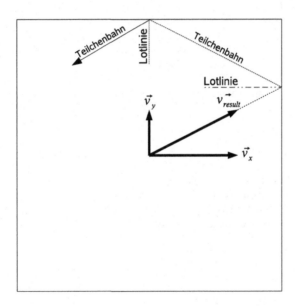

Abbildung 11.1 : Das Teilchen erhält in $(0.0|0.0)$ einen Kraftstoß und wird damit auf Geschwindigkeit $\vec{v_{res}} = \vec{v_x} + \vec{v_y}$ beschleunigt.

Wir betrachten ein Punktteilchen, das in der Mitte eines quadratischen Feldes der Kantenlänge Eins durch einen Kraftstoß in Bewegung gesetzt wird, und sich dann reibungslos auf gerader

Linie fortbewegt, bis es an der ersten Wand vollelastisch reflektiert wird. Hierbei ist der Ausfallswinkel – gegen das Lot der Wand gemessen – gleich dem Einfallswinkel.

Es sind Geschwindigkeiten v_x und v_y so zu wählen, daß die trivialen Fälle $\alpha = 0°, 45°, 90°$ nicht auftreten. Hierzu setzen wir für jede der beiden Richtungen ganzzahlige Schritte zum Durchmessen des Intervalls $[0.0; 1.0]$ fest, etwa für die x-Richtung 19 Schritte und für die y-Richtung 23 Schritte, es ergeben sich dadurch Geschwindigkeiten $v_x = \frac{1}{19} = 0.052631$ und $v_y = \frac{1}{23} = 0.043478$. Diese Zahlen sind zwar unhandlich, gewährleisten aber im Rahmen der geforderten Genauigkeit die sog. Kommensurabilität für das Intervall $[0.0; 1.0]$, d. h. unser Teilchen fliegt auch genau bis zur Wand und kehrt nicht etwa 0.03 Längeneinheiten vorher um. Für diese anfängliche Wahl der Geschwindigkeiten ergibt sich ein Einfallswinkel von $\alpha = \tan^{-1}(\frac{0.043478}{0.052631}) = 39.56°$. Die Bewegung des Teilchen setzt sich aus zwei Teilbewegungen zusammen, die sich ungestört überlagern: eine geradlinig-gleichförmige Bewegung in x - Richtung, und eine geradlinig-gleichförmige Bewegung in y - Richtung. Beim Erreichen der Wände - $\begin{pmatrix} x \\ y \end{pmatrix} = \begin{pmatrix} +/-1 \\ +/-1 \end{pmatrix}$ - klappen die Geschwindigkeitsvektoren einfach um.

Programm 11.1: Programm zum Teilchen - in - der Box - Problem

```c
#include <stdio.h>
#include <stdlib.h>
#include <math.h>
#define N 1500
int main (void)
{
  FILE *f_ptr = NULL;
  double x = 0.0, y = 0.0;
  int Nx = 19;
  int Ny = 23;
  double dx = 1.0 / Nx;
  double dy = 1.0 / Ny;
  int i = 0;
  printf("PARTICLE IN BOX!\n");
  f_ptr = fopen ("daten/teilchen_box.csv", "w+");
  printf("dx=%.6f dy=%.6f\n", dx, dy);
  for (i = 0; i <= N; x += dx, y += dy, i++)
    {
      if (x < -0.99 || x > 0.99)
        dx *= -1.0;
      if (y < -0.99 || y > 0.99)
        dy *= -1.0;
      fprintf ( f_ptr , "%i %.4f %.4f %.4f\n", i, x, y,
      sqrt (x * x + y * y));
    }
  f_close (f_ptr);
  return( EXIT_SUCCESS );
}
```

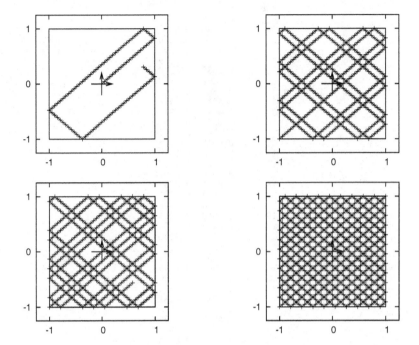

Abbildung 11.2 : Vier Momentaufnahmen unseres Teilchens mit Geschwindigkeiten $v_x = \frac{1}{19} = 0.052631$ und $v_y = \frac{1}{23} = 0.043478$:Links oben sind die ersten 100 Punkte der Berechnung zu sehen; Rechts oben die ersten 438 Punkte, denn Punkt 437 hat die Werte $(-1|-1)$; danach laufen die weiteren Punkte eine Zeitlang in sich zurück. Links unten ist bis zum Punkt 1000 gezeichnet. Rechts unten dann 1500 Punkte der Berechnung: hier tritt keine Veränderung mehr ein. Das Teilchen scheint auf einer geschlossenen Bahn zu laufen.

11.2 Zeitreihen - Analyse

Zu jedem Zeitpunkt hat unser Teilchen einen wohldefinierten Abstand vom Nullpunkt. Trägt man diese Abstände gegen die Zeit auf, so entsteht die *Zeitreihe* der Abstände.

Wir wollen die Periode dieser Teilchenbahn bestimmen und überlegen hierzu: Orte auf der x-Achse werden nach 19 Schritten wieder erreicht, Orte auf der y-Achse nach 23 Schritten. das kleinste gemeinsame Vielfache beider reziproker Geschwindigkeiten ist $v_x^{-1} \cdot v_y^{-1} = 19 \cdot 23 = 437$. Zu diesem Zeitpunkt hat das Teilchen den Punkt $(-1|-1)$ erreicht, die Geschwindigkeitskomponenten v_x und v_y haben beide wieder positives Vorzeichen. Nach weiteren 437 Zeitschritten befindet es sich am Nullpunkt, jedoch haben hier v_x und v_y verschiedene Vorzeichen: die Teilchenbahn hat erst ihre halbe Periode erreicht. Zur Zeit 1311 befindet sich unser Teilchen im Punkt $(1|1)$. Somit erreicht das Teilchen zum Zeitpunkt 1748 erneut den Nullpunkt, wobei beide Geschwindigkeitskomponenten positives Vorzeichen haben, d.h. ab jetzt ist die Teilchenbahn geschlossen.

Schritt	x	y
0	0.0000	0.0000
1	0.0526	0.0435
2	0.1053	0.0870
3	0.1579	0.1304
4	0.2105	0.1739
5	0.2632	0.2174
6	0.3158	0.2609
7	0.3684	0.3043
8	0.4211	0.3478
9	0.4737	0.3913
10	0.5263	0.4348
11	0.5789	0.4783
12	0.6316	0.5217
13	0.6842	0.5652
14	0.7368	0.6087
15	0.7895	0.6522
16	0.8421	0.6957
17	0.8947	0.7391
18	0.9474	0.7826
19	1.0000	0.8261
20	0.9474	0.8696
21	0.8947	0.9130
22	0.8421	0.9565
23	0.7895	1.0000
24	0.7368	0.9565
25	0.6842	0.9130
26	0.6316	0.8696
27	0.5789	0.8261
28	0.5263	0.7826
29	0.4737	0.7391
30	0.4211	0.6957
31	0.3684	0.6522
32	0.3158	0.6087
33	0.2632	0.5652
34	0.2105	0.5217
35	0.1579	0.4783
36	0.1053	0.4348
37	0.0526	0.3913
38	0.0000	0.3478
39	-0.0526	0.3043
40	-0.1053	0.2609
41	-0.1579	0.2174
42	-0.2105	0.1739
43	-0.2632	0.1304
44	-0.3158	0.0870
45	-0.3684	0.0435
46	-0.4211	0.0000

Tabelle 11.1 : Die ersten 46 Schritte der Berechnung lassen erkennen, wie die Ortskoordinate x nach 19 Schritten und die Ortskoordinate y nach 23 Schritten unabhängig voneinander die erste Wand – +1 – erreichen; die Überlagerung beider Koordinaten ergibt den jeweiligen Ort in der Ebene.

Wie berechnet sich die Länge der Teilchenbahn? Hierzu berechnen wir lediglich die resultierende Geschwindigkeit $|\vec{v_{res}}| = |\vec{v_x} + \vec{v_y}|$ und multiplizieren mit der Gesamtzeit (=Anzahl der Berechnungsschritte)

$$s_{Teilchen} = |\vec{v_{res}}| \cdot t_{gesamt} = \sqrt{0.052631^2 + 0.043478^2} \cdot 1748 = 119.3304\,L.E.$$

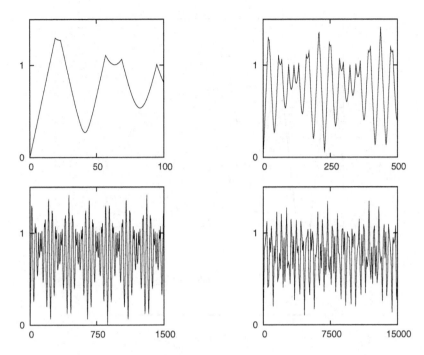

Abbildung 11.3 : Zeitreihen für Berechnungen von 100...15000, für $v_x = \frac{1}{19} = 0.052631$ und $v_y = \frac{1}{23} = 0.043478$. Auf der y-Achse sind die Abstände $r_i = \sqrt{x_i^2 + y_i^2}$ aufgetragen, auf der x-Achse die Anzahl der Werte.

Zeitschritt i	x	y	v_x	v_y
0	0	0	+	+
438	-1	-1	+	+
874	0	0	+	-
1311	+1	+1	-	-
1748	0	0	+	+

Tabelle 11.2 : Erst nach 19 * 23 = 1748 Zeitschritten erreicht unser Teilchen die Ausgangsposition der Bewegung, und somit schliesst sich die Bahn des Teilchens.

11.2.1 Zusammenhang zwischen Winkel und Länge der geschlossenen Bahn

Für Abstosswinkel $0° < \alpha < 45°$ müssen wir $v_y < v_x$ wählen, denn es gilt $\alpha = \tan^{-1}(v_y/v_x) < 45°$ nur, wenn $(v_y/v_x) < 1$. Wir halten $v_y = 1/23$ fest, und lassen v_x gemäss $v_x = (\frac{i}{23})$, $1 \le i \le 22$ durchlaufen.

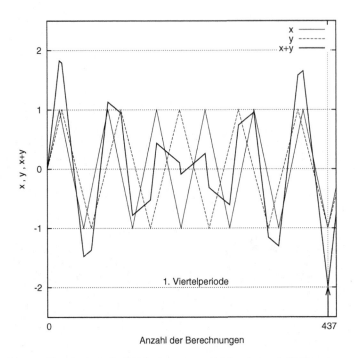

Abbildung 11.4 : Die erste Viertelperiode der Teilchenbahn: unser Teilchen hat nach 437 Berechnungen die linke untere Ecke des Kastens erreicht.

Programm 11.2: Berechnung des Winkels

```
#include <stdio.h>
#include <stdlib.h>
#include <math.h>
#define  N   23
#define  pi   3.141592654
int main ( void )
{
  FILE *f_ptr = NULL;
  f_ptr = fopen ( "daten/sangle.csv" , "w+" );
  int i = 0;
  double s[N], angle[N], vx[N], vy = 0.0;
  for (i = 1; i < N; i++)
    {
      vx[i] = 1.0 / i;
      vy    = 1.0 / N;
      s[i] = sqrt (vx[i] * vx[i] + vy * vy) * i * N * 4;
      angle[i] = atan (vy / vx[i]) * 360 / (2 * pi);
```

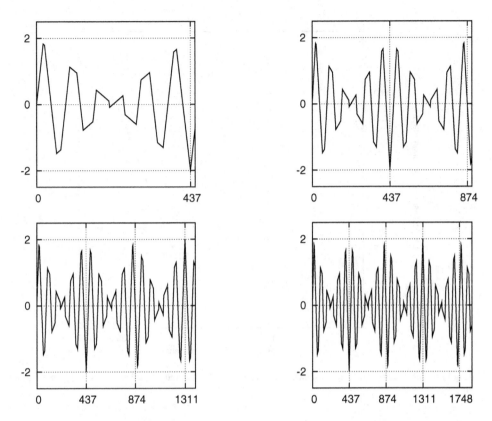

Abbildung 11.5 : Oben links: Das Teilchen hat die linke untere Ecke erreicht. Rechts daneben: Das Teilchen durchfliegt den Nullpunkt. Teilbild links unten: Das Teilchen hat die obere rechte Ecke seines Kastens erreicht. Teilbild rechts daneben: Zurück im Nullpunkt. Hier schliesst sich die Bahn.

```
        fprintf (f_ptr , "%i %.4f %.4f\n", i, s[i], angle[i]);
    }
  fclose (f_ptr );
  return( EXIT_SUCCESS );
}
```

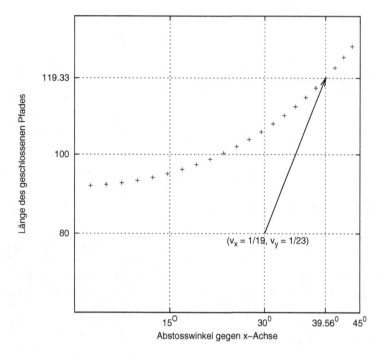

Abbildung 11.6 : Die x-Komponente der Geschwindigkeit durchläuft das Intervall $[\frac{1}{23}\,;\frac{22}{23}]$, und die y-Komponente bleibt konstant.

Kapitel 12

random walk –
Zufälliges Stolpern 1

12.1   Eindimensionales Modell

Hier haben wir ein weiteres Modell, das schnell eine große Datenmenge liefert; darüberhinaus liegt eine nicht-periodischen Bewegung vor. Ein Punktteilchen startet bei $x = 0.0$ mit einem Schritt der Länge $x = a$, bevor es jedoch seinen zweiten Fuß auf den Boden bekommt, schwankt es zufällig – möglicherweise endet dieser Versuch mit einem Teilschritt rückwärts. Im so gewonnenen Standort startet der zweite Versuch, usw. Kann sich das Teilchen dauerhaft vom Startpunkt entfernen, oder kommt es im zeitlichen Mittel nicht weiter ?

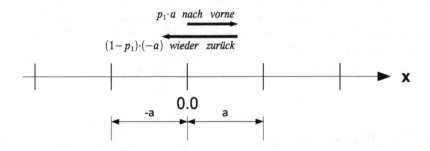

Abbildung 12.1 : Die p_i sind Zufallszahlen mit $0 \leq p_i < 1$, die in einer Simulation mittels eines Zufallsgenerators ermittelt werden.

Zur Modellierung der Bewegung nehmen wir für jeden Schritt gleichverteilte Zufallszahlen zwischen Null und Eins. Die Ortskoordinate nach dem ersten Schritt lautet: $x_1 = p_1 \cdot a + (1 - p_1) \cdot (-a)$. Nur wenn die Zufallszahl $p_1 > 0.5$, kommt unser betrunkenes Teilchen im ersten Schritt nach vorne; andernfalls landet es links vom Nullpunkt.

Programm 12.1: Random Walk

```c
#include <stdio.h>
#include <stdlib.h>
#include <math.h>
#include <time.h>
#define N 100
int main (void)
{
    double rand_zahl = 0.0, x[N];
    int i = 0;
    FILE *f_ptr = NULL;
    srand(time(NULL));
    f_ptr = fopen( "daten/rand_walk.csv", "w+" );
    x[0] = 0.0;
    for (i = 1 ; i < N ; i++ )
      {
         rand_zahl = rand () / (RAND_MAX + 1.0);
         x[i] = x[i - 1] + rand_zahl * 1.0 + (1 - rand_zahl) * (-1.0);
         fprintf (f_ptr , "%i %.6lf\n", i, x[i]);
      }
    fclose( f_ptr );
    return( EXIT_SUCCESS );
}
```

12.2   Zweidimensionales Modell

Nun betrachten wir das gleiche Modell zweidimensional. Hierzu benötigen wir zunächst für jeden Schritt eine y-Koordinate. Die Unsicherheiten in x-Richtung und in y-Richtung werden für jeden einzelnen Schritt durch zwei voneinander unabhängige Zufallszahlen modelliert. Die Ortskoordinaten haben die Gestalt

$$\begin{bmatrix} x_i \\ y_i \end{bmatrix} = \begin{bmatrix} x_{i-1} + p_{i,x} \cdot a + (1 - p_{i,x}) \cdot (-a) \\ y_{i-1} + p_{i,y} \cdot a + (1 - p_{i,y}) \cdot (-a) \end{bmatrix}$$

12.2.1   Zeitreihenanalyse

Wie kann man zeigen, daß sich unser Teilchen im zeitlichen Mittel immer mehr vom Nullpunkt entfernt? Zunächst benötigen wir für einen Versuchslauf sehr viel mehr Daten – hier Abstän-

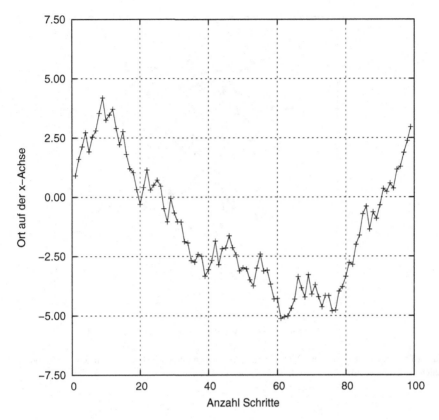

Abbildung 12.2 : Die Zeitreihe der ersten 100 Schritte unseres Teilchens. Hier läßt sich noch keine Periodizität oder Tendenz der Bewegung ermitteln.

de von Null. Diese Daten liegen in einem eindimensionalen Vektor (array) vor, also numeriert nebeneinander. Ein solcher Datensatz läßt sich bequem zerteilen und sortieren. Ziel der Datenuntersuchung ist eine in höherem Maße verlässliche Aussage: »*Die Wahrscheinlichkeit, daß unser Teilchen jemals zum Nullpunkt zurückfindet, ist nahezu gleich Null*«. Hierbei bleibt jedoch eine Restunsicherheit bestehen. Wir lassen unser Teilchen nun mehrmals einen Versuchdurchlauf mit 1000 Schritten absolvieren. Von den 1000 Abständen machen wir eine geordnete Stichprobe wie folgt: wir sehen uns aus Zehnergruppen jeweils nur den kleinsten Abstand an. Wenn die Tendenz noch aufwärts ist, so haben wir unsere *stochastische Aussage* durch diese Datenkompression schärfer gefasst.

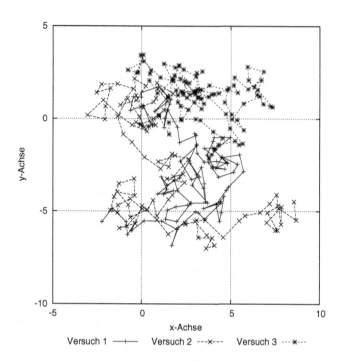

Abbildung 12.3 : Hier sind die ersten 100 Orte für *drei* Versuche unseres Teilchens aufgetragen. Tendenziell entfernt sich das Teilchen vom Nullpunkt.

Programm 12.2: Programm zur Sortierung der Random - Walk - Abschnitte

```
#include <stdio.h>
#include <stdlib.h>
#include <math.h>
#include <time.h>
#define N 1000
void bubble ( double *array , int M )
{
  int i = 0, j = 0;
  double temp = 0.0;
  for ( i = 0 ; i < M ; i++ )
     for ( j = 0 ; j < M − 1 ; j++ )
       if ( array[j] > array[j + 1] )
          {
             temp = array[j + 1];
             array[j + 1] = array[j];
             array[j] = temp;
          }
```

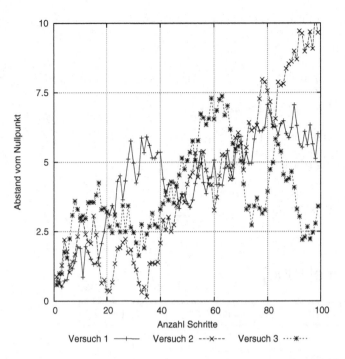

Abbildung 12.4 : Hier sind die ersten 100 *Abstände* für drei Versuche unseres Teilchens aufgetragen. Die Tendenz in Diagramm 12.3 wird bestätigt.

```
}
int main ( void )
{
   double rand_zahl_x = 0.0, rand_zahl_y = 0.0, x[N], y[N], distance[N];
   double d_frac[10], *d_frac_ptr = NULL;
   int i = 0, j = 0, k = 0;
   FILE *f_ptr = NULL;
   srand(time(NULL));
   f_ptr = fopen( "daten/dat_tsa_3.csv" , "w+" );
   x[0] = 0.0; y[0] = 0.0;   distance[0] = 0.0;
   for ( i = 0 ; i < N ; i++ )
     {
       rand_zahl_x = rand () / (RAND_MAX + 1.0);
       rand_zahl_y = rand () / (RAND_MAX + 1.0);
       x[i + 1] = x[i] + rand_zahl_x * 1.0 +
               (1 - rand_zahl_x) * (-1.0);
       y[i + 1] = y[i] + rand_zahl_y * 1.0
               + (1 - rand_zahl_y) * (-1.0);
```

```
            distance [ i ] = sqrt (x [ i ]  *  x [ i ] + y [ i ]  *  y [ i ] );
        }
    for ( j = 0 ; j < 100 ; j++ )
        {
            for ( i = 0 , k = 0 + j * 10 ; k < 10 + j * 10 ; i++ , k++ )
                {
                    d_frac [ i ] = distance [ k ];
                }
            bubble ( d_frac , 10);
            d_frac_ptr = &d_frac [0];
            fprintf ( f_ptr , "%d %.6lf \n" , j , d_frac_ptr );
        }
    fclose ( f_ptr );
    return ( EXIT_SUCCESS );
}
```

distance[1000]

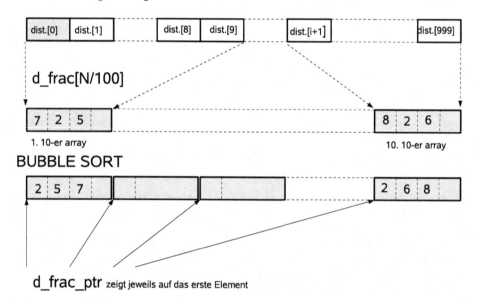

Abbildung 12.5 : Die 1000 zufälligen Abstände liegen in einem array von 0...999 nebeneinander. Dieses array distance[1000] wird nun in 100 arrays der Breite 10 zerteilt. Jedes dieser 10-er arrays d_frac[N/100] wird mit *bubble sort* aufsteigend geordnet. Der Zeiger d_frac_ptr zeigt dann immer auf das erste und damit das kleinste Element eines 10-er arrays. Diese kleinsten Elemente werden zuletzt in Abhängigkeit von ihrer Nummer einer Datei übergeben. (Siehe auch Programm 12.2)

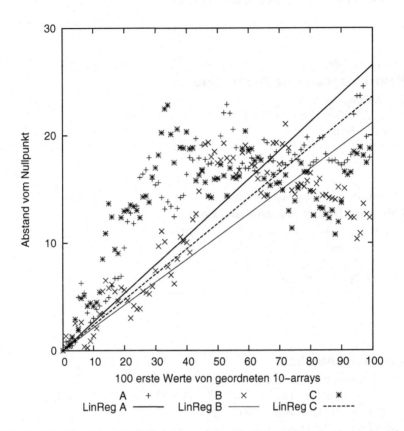

Abbildung 12.6 : Drei Versuche mit jeweils 1000 Schritten, wobei nur die kleinsten Werte der 10-er arrays d_frac[N/100] angezeigt werden. Auch bei Betrachtung der so komprimierten Daten bleibt die Aufwärtstendenz erhalten.

Informationstechnik

Mrozynski, Gerd
Elektromagnetische Feldtheorie
Eine Aufgabensammlung
2003. XIV, 306 S. Br. EUR 27,90
ISBN 978-3-519-00439-4

Strassacker, Gottlieb / Süße, Roland
Rotation, Divergenz und Gradient
Einführung in die elektromagnetische Feldtheorie
6., überarb. und erg. Aufl. 2006. X, 292 S.
mit 151 Abb. u. 17 Tab. Br. EUR 26,90
ISBN 978-3-8351-0048-0

Werner, Martin
Nachrichtentechnik
Eine Einführung für alle Studiengänge
5., vollst. überarb. u. erw. Aufl. 2006. X, 314 S. mit 235 Abb. u. 40 Tab.
(Studium Technik) Br. EUR 24,90
ISBN 978-3-8348-0132-6

Werner, Martin
Signale und Systeme
Lehr- und Arbeitsbuch mit MATLAB-Übungen und Lösungen
2., vollst. überarb. u. erg. Aufl. 2005. XII, 338 S. mit 242 Abb. u. 37 Tab.
(Studium Technik) Br. EUR 29,90
ISBN 978-3-528-13929-2

**VIEWEG+
TEUBNER**
Abraham-Lincoln-Straße 46
65189 Wiesbaden
Fax 0611.7878-400
www.viewegteubner.de
Stand Januar 2008.
Änderungen vorbehalten.
Erhältlich im Buchhandel oder im Verlag.

Kapitel 13

A drunk walks –
Zufälliges Stolpern 2

13.1 Situation

Ein Betrunkener startet im Punkt (3|3) eines rechtwinkligen Strassennetzes. An jeder Kreuzung - in jedem Knoten des Netzes - hat er vier Möglichkeiten der Richtungswahl: nach vorne, nach hinten, nach rechts, nach links. Diese Auswahl aus vier Möglichkeiten geschehe aber rein zufällig mit jeweils gleicher Wahrscheinlichkeit $p(i) = 0.25$ *mit* $1 \leq i \leq 4$. Seine Wohnung befinde sich irgendwo am Stadtrand – am Rand des Netzes der Breite 6, d.h. er ist am Ziel, wenn die Ortskoordinaten Werte wie (0|y), (6|y), (x|6) oder (x|0) annehmen. Nach Festlegung dieser Randbedingungen kann man fragen:

1. Kommt er jemals an den Stadtrand ?

2. Wenn er den Stadtrand erreicht, kann man diesem Ausgang eine Wahrscheinlichkeit zuordnen ?

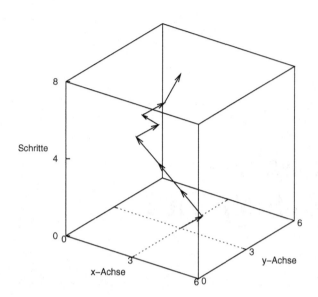

Abbildung 13.1 : Hier stolpert unser *drunk* 8 mal, ohne die Netzgrenzen zu erreichen. Auf der Hoch-Achse sind die (Zeit-)Schritte skaliert, somit kann man die Einzelschritte leicht unterscheiden. In dieser 3D-Visualisierung einer MC-Simulation mit $n = 8$ für die zugelassene Stolperzahl wäre unser *drunk* erfolgreich, wenn er eine der Seitenflächen des *Informationswürfels* berührte. Für den ersten Durchgang ergeben sich Zufalls-Koordinaten: 4,3,1 - 3,3,2 - 2,3,3 - 1,3,4 - 2,3,5 - 2,2,6 - 3,2,7 - 3,3,8. Dieser Duchgang blieb also erfolglos!

Programm 13.1: Gnuplot-Skript zur Darstellung des Weges des Betrunkenen in Abb. 13.1

```
reset
set size square
unset key
set grid
set style line 1 lt 1 lw 2
x_min = 0
x_max = 6
y_min = 0
y_max = 6
z_min = 0
z_max = 8
set xrange [x_min:x_max]
set yrange [y_min:y_max]
set zrange [z_min:z_max]
```

```
set  xtics  3
set  ytics  3
set  ztics  4
set  ticslevel  0
set  xlabel  'x–Achse'
set  ylabel  'y–Achse'
set  zlabel  'Schritte'
set  view  65.0 , 36.0
splot  'daten/dat_1.csv'  with  points  ps  4
set  arrow  head  from  3,3,0  to  4,3,1  ls  1
set  arrow  head  from  4,3,1  to  3,3,2  ls  1
set  arrow  head  from  3,3,2  to  2,3,3  ls  1
set  arrow  head  from  2,3,3  to  1,3,4  ls  1
set  arrow  head  from  1,3,4  to  2,3,5  ls  1
set  arrow  head  from  2,3,5  to  2,2,6  ls  1
set  arrow  head  from  2,2,6  to  3,2,7  ls  1
set  arrow  head  from  3,2,7  to  3,3,8  ls  1
set  arrow  nohead  from  0,0,8  to  0,6,8
set  arrow  nohead  from  0,6,8  to  6,6,8
set  arrow  nohead  from  6,6,8  to  6,0,8
set  arrow  nohead  from  6,0,8  to  0,0,8
set  arrow  nohead  from  6,0,0  to  6,0,8
set  arrow  nohead  from  6,6,0  to  6,6,8
set  arrow  nohead  from  0,6,0  to  0,6,8
set  terminal  postscript  enhanced  colour
set  output  'abbildungen/drunkwalk.eps'
replot
set  output
set  terminal  x11
```

13.2 Monte Carlo Simulation

Eine Modellierung mit Zufallszahlen bietet sich an: die Situation wird mehrfach durchgespielt und man zählt, wie oft der Betrunkene sein Ziel erreicht hat. Wenn wir die Situation $N - mal$ simulieren, und hiervon $M - mal$ Erfolg eintritt, dann können wir den Quotienten

$$\frac{M}{N} \approx P_8 (am\ Stadtrand)$$

als Wahrscheinlichkeit dieses Ausgangs angeben. Die 8 bedeutet hier: der Betrunkene hat nur 8 mal die Chance, an einer Kreuzung zufällig in eine der vier Richtungen zu fallen, andernfalls schläft er (ohne Gefahr) ein. Intuitiv verstehen wir, daß die Anzahl N der Durchläufe dieses Zufallsexperimentes groß sein muß, um zu einer *verlässlichen* Wahrscheinlichkeitsaussage zu kommen.

Für einen Durchlauf benötigen wir Zufallszahlen von 1 bis 4. Dann vergeben wir die Richtungen: einen Schritt nach *vorne*, wenn die Zufallszahl 1, usw...

Programmausschnitt 13.2: Zuteilung der Zufallszahlen zu den Richtungen des Betrunkenen

```
...
srand(time(NULL));
for( i = 1 ; i < 9 ; i++ )
  {
      rand_zahl = 1 + rand() % 4;
      if ( rand_zahl == 1)
        {
            x_pos[i] = x_pos[i-1] + 1; y_pos[i]= y_pos[i-1];
        }
        ...
  }
...
```

Für jeden Durchgang sind $i \leq 8$ Schritte möglich. Wenn in einem Durchgang der Netzrand erreicht wird, zählt die Erfolgsvariable m um eine Eins höher. Danach soll der Durchlauf abbrechen.

Programmausschnitt 13.3: Abfrage auf Erreichen des Stadtrandes

```
...
if ( (x_pos[i]==0 || x_pos[i]==6) || (y_pos[i]==0 || y_pos[i]==6) )
        {
            m += 1;
            break;
        }
...
```

Die Summe der m Erfolge bezogen auf N Durchläufe kann als Wahrscheinlichkeit der Zielerreichung betrachtet werden. Für fünf Programmläufe erhält man etwa 47, 62, 51, 45, 60 Erfolge bei jeweils 100 Durchgängen und acht erlaubten Schritten pro Durchgang. Man kann also nach dieser Modellierung mit einer 40% - 60% Erfolgsquote rechnen.

Programm 13.4: Berechnung der Anläufe

```
#include <stdio.h>
#include <stdlib.h>
#include <time.h>
#define N 101
#define n 9
int main ( void )
{
  int x_pos[n];
  int y_pos[n];
```

```c
  int rand_zahl = 0;
  int i = 0 , j = 0 , k = 0, m = 0;
  srand ( time ( NULL ) );
  x_pos [0] = 3;
  y_pos [0] = 3;
  for ( k = 1 ; k < N ; k++ )
    {
      for ( i = 1 ; i < n ; i++ )
        {
          rand_zahl = 1 + rand () % 4;
          if ( rand_zahl == 1 )   /* eins nach rechts */
            {
              x_pos [i] = x_pos [i - 1] + 1;
              y_pos [i] = y_pos [i - 1];
            }
          else if ( rand_zahl == 2 )      /* eins nach links */
            {
              x_pos [i] = x_pos [i - 1] - 1;
              y_pos [i] = y_pos [i - 1];
            }
          else if ( rand_zahl == 3 )      /* eins nach oben */
            {
              x_pos [i] = x_pos [i - 1];
              y_pos [i] = y_pos [i - 1] + 1;
            }
          else if ( rand_zahl == 4 )      /* eins nach unten */
            {
              x_pos [i] = x_pos [i - 1];
              y_pos [i] = y_pos [i - 1] - 1;
            }
          if (( x_pos [i] == 0 || x_pos [i] == 6)
              || (y_pos [i] == 0 || y_pos [i] == 6))
            {
              m += 1;
              break;
            }
        }
    }
  printf ("%d\n", m);
  return ( EXIT_SUCCESS );
}
```

13.3   Übungen

1. Erweitere das Programm, so daß 100 Wahrscheinlichkeiten $\frac{m_i}{100}$, $1 \le i \le 100$ berechnet werden. Wie streuen die Ergebnisse ? Analysiere die erhaltene Verteilung.

2. Erweitere das Programm, so daß der Wohnort bei (1|1) liegt, und daß der Betrunkene bei Berührung der Netzgrenze zurückgeworfen wird.

3. Warum führt bei solchen Modellen der naive Wahrscheinlichkeitsbegriff *Anzahl Günstige / Anzahl Mögliche* nicht weiter? Kann man hier die beiden Anzahlen durch Abzählen erhalten ?

Teil IV

Anhang

Case Studies

A   Konservendose

A.1   Problem

Untersuche für einen geschlossenen Zylinder mit konstantem Volumen den Zusammenhang zwischen Radius und Oberfläche. Finde bei konstantem Volumen einer Zylinderdose diejenige mit geringster Oberfläche. Warum sind nicht alle Konservendosen nach diesem Extremalprinzip hergestellt ? Untersuche für Volumina $V \in \{200ml;\ 333ml;\ 500ml;\ 1000ml\}$.

Strategie: Formuliere die Oberfläche als Funktion des Radius: $O = O(r)$ und finde ihr Minimum.

Folgende Hinweise skizzieren den Lösungsweg:

1. Mit den Formeln $V = \pi r^2 H$ und $O = 2\pi r^2 + 2\pi r H$ konstruiere die Funktion $O = O(r)$.

2. Berechne r_{min}, so daß $O(r_{min})$ minimal wird.

3. Ermittle die Funktion der minimalen Radien für verschiedene Volumina $r_{min} = r_{min}(V)$, und stelle geeignet grafisch dar.

B   Rollende Kugel

B.1   Problem

Eine Stahlkugel der Masse $m = 100g$ wird im Punkt $\vec{C} = \begin{pmatrix} 0 \\ 0 \\ 5 \end{pmatrix}$ der Ebene E_{ABC} mit $\vec{A} = \begin{pmatrix} 4 \\ 0 \\ 0 \end{pmatrix}$ und $\vec{B} = \begin{pmatrix} 0 \\ 6 \\ 0 \end{pmatrix}$ zur Zeit $t = 0s$ losgelassen. Gesucht ist der Durchstoßpunkt in der

$x_1 x_2 - Ebene$. Darüberhinaus sollen Zeitpunkt und Durchstoßgeschwindigkeit berechnet werden. Reibung und Rollbewegung sind vernachlässigbar. In welchem Punkt ihrer Rollbahn hat die Kugel den kürzesten Abstand zum Ursprung ?

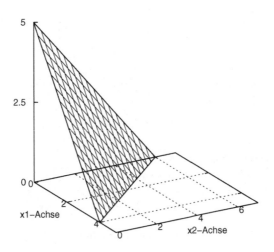

Abbildung B.1 : Bild der Ebene E_{ABC}. In der Spitze wird eine Kugel losgelassen. Wo durchstößt sie die $x_1 x_2 - Ebene$?

B.2   Vektorielle Lösung

Strategie: Finde die kürzeste Verbindung von $\vec{C}$ auf die Gerade g_{AB}.

Folgende Hinweise skizzieren den Lösungsweg:

1. Der Durchstoßpunkt liegt auf der Geraden g_{AB}.

2. Unter welchem Winkel schneiden sich Kugelbahn g_{Kugel} und Gerade g_{AB}?

3. Berechne den Schnittpunkt $\vec{S}$ beider Geraden.

4. Berechne die Weglänge $\vec{CS}$.

5. Unter welchem Winkel (!) stößt die Kugel durch die $x_1x_2 - Ebene$?

B.3   Analytische Lösung

Strategie: Konstruiere eine Abstandsfunktion und finde ihr Minimum.

Folgende Hinweise skizzieren den Lösungsweg:

1. Die Kugel rollt von $\overrightarrow{C}$ auf die Gerade g_{AB} zu. Jeder Punkt $\overrightarrow{P}_{AB}$ der auf dieser Geraden liegt hat die Gestalt

$$\overrightarrow{P}_{AB} = \begin{pmatrix} r \cdot 4 \\ (1-r) \cdot 6 \\ 0 \end{pmatrix}$$

2. Damit hat jede Verbindungslinie die Länge

$$d(\overrightarrow{C}; \overrightarrow{P}_{AB}) = \sqrt{(4-x_1)^2 + (6-x_2)^2 + 5^2}$$

3. Berechne das Minimum der Funktion $d(\overrightarrow{C}; \overrightarrow{P}_{AB})$.

B.4   Mechanische Lösung

Strategie: Zerlege den Vorgang in die zwei schiefen Ebenen E_{31} und E_{32}.

Folgende Hinweise skizzieren den Lösungsweg:

1. Die Ebene E_{ABC} hat Schnittgeraden mit der $x_1x_3 - Ebene$ und der $x_2x_3 - Ebene$. Zeichne als Schnittbild und bestimme die beiden Neigungswinkel.

2. Ermittle die Beschleunigungen $\overrightarrow{a}_{31}$ und $\overrightarrow{a}_{32}$ vektoriell.

3. Mit der resultierenden Beschleunigung $\overrightarrow{a}_{gesamt}$ und der Weglänge erhält man die Zeit, und damit die Durchschlagsgeschwindigkeit.

C   Bergstrasse als Raumkurve

C.1   Problem

Eine Strasse soll die beiden Punkte $\overrightarrow{T} = \begin{pmatrix} 100 \\ 100 \\ 0 \end{pmatrix}$ und $\overrightarrow{B} = \begin{pmatrix} -100 \\ -100 \\ 100 \end{pmatrix}$ so verbinden, dass der

Punkt $\overrightarrow{D} = \begin{pmatrix} 50 \\ 50 \\ 25 \end{pmatrix}$ angeschlossen ist und ihre Steigung an keiner Stelle größer als 20% wird.

Es ist die Länge der Kurven zu berechnen.

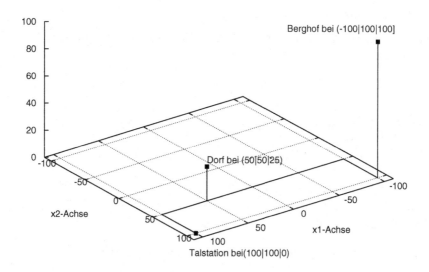

Abbildung C.2 : Die drei Orte sollen durch zwei glatte Raumkurven verbunden werden, die sich im Enddorf miteinander verbinden.

C.2   Vektorielle Lösung

Strategie: Konstruiere einen Zick - Zack - Weg mit Geraden, deren Steigung noch erlaubt ist.

C.3   Lösung durch Spiralkurve

Strategie: Finde die richtige Parameterkurve konstanter Krümmung.

Folgende Hinweise skizzieren den Lösungsweg:

1. Projiziere das Problem zunächst auf die $x_1 - x_2 - Ebene$ und konstruiere geeignete Teil-
   kreise als Parameterfunktionen durch die Punkte $\vec{T_o} = \begin{pmatrix} 100 \\ 100 \\ 0 \end{pmatrix}$, $\vec{B_0} = \begin{pmatrix} -100 \\ -100 \\ 0 \end{pmatrix}$ und

$$\overrightarrow{D_0} = \begin{pmatrix} 50 \\ 50 \\ 0 \end{pmatrix} .$$

2. In der x_3 – *Komponente* durchläuft der Kurvenparameter t einfach die Höhen, also $0 \le t \le$ 25 und $0 \le t \le 75$.

3. Für jede Kurve $\overrightarrow{p_i}\, i = 1,2$ ermittle den Tangentialvektor - also die Funktion

$$\overrightarrow{p_i(t)} = \begin{pmatrix} \dot{x}_1(t) \\ \dot{x}_2(t) \\ \dot{x}_3(t) \end{pmatrix}$$

als Richtungsvektor der Tangente an die Kurve im Punkt $\overrightarrow{p_i(t)}$; berechne den Winkel dieses Vektors mit der Horizontalen.

4. Berechne die Länge der Kurve.

Für die Spiralkurve vom »Dorf« zum »Berghof« ist im Skript C.1 die Befehlsdatei für GNU-PLOT wiedergegeben.

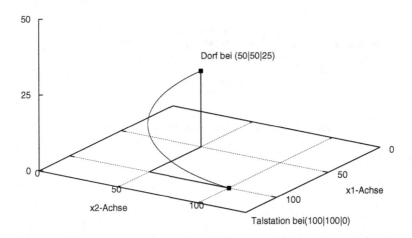

Abbildung C.3 : Diese Kurve $\begin{pmatrix} x_1(t) \\ x_2(t) \\ x_3(t) \end{pmatrix} = \begin{pmatrix} 35.355 \cdot \cos\left(\pi\left(\frac{1}{4} - \frac{t}{25}\right)\right) + 75 \\ 35.355 \cdot \sin\left(\pi\left(\frac{1}{4} - 2\frac{t}{25}\right)\right) + 75 \\ t \end{pmatrix}, 0 \le t \le 25$ führt von der Talstation

yum Dorf.

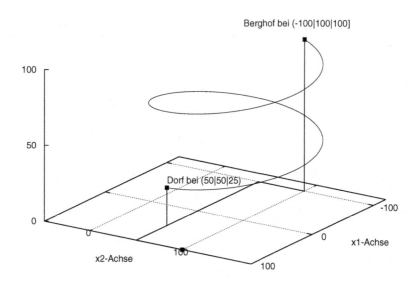

Abbildung C.4 : Die Raumkurve $\begin{pmatrix} x_1(t) \\ x_2(t) \\ x_3(t) \end{pmatrix} = \begin{pmatrix} 79.057 \cdot \cos(\pi(\frac{t}{25} - 0.1024)) - 25 \\ 79.057 \cdot \sin(\pi(\frac{t}{25} - 0.1024)) + 75 \\ t + 25 \end{pmatrix}, 0 \le t \le 75$ verbindet das Dorf und die Bergstation miteinander.

Programm C.1: Gnuplot - Skript der Spiralkurve in Abbildung C.4

```
reset
set grid
unset key
x_min = −120.0
x_max =   100.0
y_min =  −50.0
y_max =   175.0
z_min =     0.0
z_max =   100.0
set xrange [x_max : x_min]
set yrange [y_max : y_min]
set zrange [z_min : z_max]
set xtics 100.0
set ytics 100.0
set ztics 50.0
```

```
set ticslevel 0
set xlabel 'x1-Achse'
set ylabel 'x2-Achse'
set view 63.0,   303.0
set arrow nohead from 50.0 , 50.0 , 0.0 to 50.0 , 50.0 , 25.0
set arrow nohead from 100.0 , 50.0 , 0.0 to 50.0 , 50.0 , 0.0
set arrow nohead from 100.0 , 100.0 , 0.0 to 100.0 , 50.0 , 0.0
set arrow nohead from 50.0 , 50.0 , 0.0 to -100.0 , 50.0 , 0.0
set arrow nohead from -100.0,50.0, 0.0 to -100.0 , 100.0,0.0
set arrow nohead from -100.0,100.0,0.0 to -100.0,100.0,100.0
set parametric
splot [0.0:75.0] 79.057 *cos(3 *pi*u/75-pi*0.1024),\
      - 25 ,79.057*sin(3*pi*u/75-pi*0.1024)+ 75 ,u+25
replot 'daten/bergdat.csv' with points 5.0
set label ' Dorf bei (50|50|25)' at 50.0 , 50.0 , 30.0
set label 'Berghof bei (-100|100|100)' at 0.0 , 100.0 , 130.0
set terminal postscript enhanced colour
set output 'abbildungen/bergstrasse_k2.eps'
replot
set output
set terminal x11
```

D   Trassenführung

D.1   Problem

Eine Autobahn soll *so* durch das Gebiet $G(A;B;C;D;E)$ führen, dass keine der Städte A,B,C,D,E direkt angebunden wird, denn sonst würde die Trasse zu lang und damit zu teuer; gleichzeitig soll keine der Städte hinsichtlich der Autobahnanbindung benachteiligt werden, d.h. die kürzesten Zufahrten sollten in etwa gleichlang sein. Die Punkte X und Y müssen direkt angefahren werden.

Strategie: Wähle zunächst ein ganzrationales Polynom 4. Grades. Untersuche hinsichtlich Kurvenlänge und kürzester Verbindungen zu den Punkten A...E.

Folgende Hinweise skizzieren den Lösungsweg:

1. Reduziere das Gebiet G auf die drei Streckenmittelpunkte $\vec{AC}$, $\vec{AD}$, $\vec{BE}$.

2. Ermittle durch Polynomregression diejenige Funktion, die exakt durch die erhaltenen 5 Punkte verläuft.

3. Berechne die kürzesten Verbindungen durch Minimierung der jeweiligen *distance*-Funktion.

4. Berechne die Länge der Kurve von X bis Y mit Hilfe der Monte Carlo Integration.

5. Konstruiere die Trasse mit zwei zusammengesetzten Kurven, in dem für $x \in [5.0; 12.5]$ mit einer Parabel 2. Grades *angeschlossen* wird. Berechne für die so gewonnene zusammengesetzte Kurve die Gesamtlänge. Gibt es noch kürzere Lösungen ?

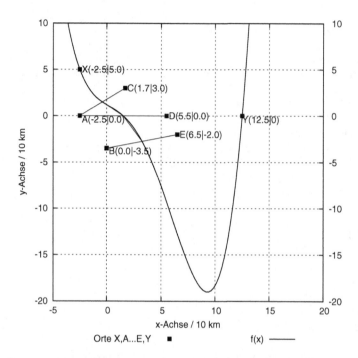

Abbildung D.5 : Autobahn von X nach Y, zwischen den fünf Städten A...E hindurch. Ein ganzrationales Polynom 4. Grades verbindet exakt die eingezeichneten Streckenmittelpunkte, ist dann aber für die Anbindung des Punktes Y zu lang!

E   Federschwinger mit Reibung

E.1   Problem

Ein Körper der Masse m=750g ist an einer Schraubenfeder befestigt, die sich bei einer angehängten Masse von 320g um 10cm verlängert. Feder und Körper bilden ein vertikal schwingendes System. Zu Beginn wird das System um 20cm aus der Ruhelage nach unten ausgelenkt. Modelliere die Weg-Zeit-Funktion unter der Annahme, daß der Federschwinger pro Schwingungsdauer jeweils 8.5% seiner vorhandenen Energie durch Reibung verliert. Wie groß muß die Reibungskraft sein, damit es zum *aperiodischen* Grenzfall kommt?

Strategie: Ermittle zunächst die Amplitudenfunktion, dann zeichne die Kurve. Modelliere die Schwingungsdauer in Abhängigkeit vom Reibungskoeffizienten.

Folgende Hinweise skizzieren den Lösungsweg:

1. Berechne die Schwingungsdauer T.

2. Ermittle die Amplitudenfunktion und setze diese als Faktor vor die cos-Funktion.

3. Bestimme die lokalen Extrema dieser Orts-Zeit-Funktion.

4. Konstruiere eine Funktion $T = T(k)$ und berechne numerisch ein k_0, so daß der Schwinger nach der Zeit $T(k_0)$ aperiodisch zur Ruhe kommt.

F   Kürzeste Linien auf einer Pyramide

F.1   Problem

Es soll die kürzeste Verbindung zweier Punkte, die sich auf verschiedenen Teilflächen der Pyramide befinden, *auf der Pyramidenoberfläche (!)* konstruiert werden. Alle benötigten Koordinaten können aus der Grafik entnommen werden.

Strategie: Die kürzeste Verbindung ist stets eine gerade Linie. Es sind die betroffenen Teilflächen so *umzuklappen*, daß zwischen den neuen Koordinaten der Punkte ein ebener Streckenverlauf entsteht.

Folgende Hinweise skizzieren den Lösungsweg:

1. Prüfe rechnerisch, ob die ausgezeichneten Punkte auf der Pyramidenoberfläche liegen.

2. Drehe die Teilfläche mit dem Punkt $(3.5|3|6)$ in die Vertikale, so daß die Pyramidenspitze die Koordinaten $(4|3|z)$ erhält. Welche Koordinaten hat jetzt der betrachtete Punkt?

3. Drehe die Teilfläche mit dem Punkt $(2.4|3.2|2.4)$ zunächst in die Horizontale, so daß der betrachtete Punkt die Koordinaten $(x|y|4)$ erhält.

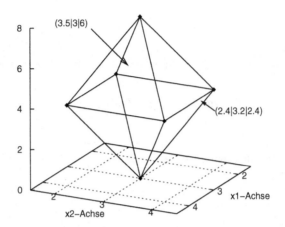

Abbildung F.6 : Zwei quadratische Pyramiden mit horizontaler Kantenlänge $a = 2$ und Höhe $H = 4$. Es ist der kürzeste Weg zwischen den beiden eingezeichneten Punkten zu finden.

G   Reflektierte Laser-Strahlen

G.1   Problem

Gegeben ist die Ebene

$$E_{ABC} : \begin{pmatrix} x_1 \\ x_2 \\ x_3 \end{pmatrix} = \begin{pmatrix} 2 - r + s \\ 3 - r - s \\ 4 - r \end{pmatrix}$$

Im Punkt $(0|0|8)$ emittiert eine Lichtquelle einen Laserstrahl, der im Punkt $\vec{A}$ auf die Ebene trifft. Welche Ausbreitungsrichtung nimmt der reflektierte Strahl ?

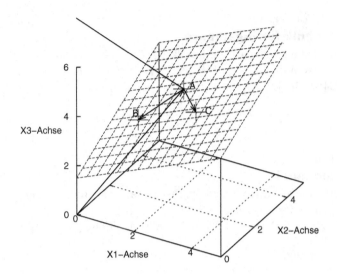

Abbildung G.7 : Ein gebündelter Lichtstrahl, der aus (0|0|8) kommt, wird an der Ebene im Punkt $\vec{A}$ zurückgeworfen (*reflektiert*).

Strategie: Es gilt das Reflexionsgesetz: Einfallswinkel gegen das Lot der Grenzfläche ist gleich Ausfallswinkel gegen das Lot der Grenzfläche.

Folgende Hinweise skizzieren den Lösungsweg:

1. Ermittle die Koordinaten des Stützvektors $\vec{A}$.

2. Der Lotvektor im Punkt $\vec{A}$ ist ein Vektor, der sowohl senkrecht auf $\vec{AB}$ als auch auf $\vec{AC}$ steht.

3. Achtung: Der einfallende Strahl, der Lotvektor und der reflektierte Strahl liegen in ein- und derselben Ebene !

Regelungstechnik

Reuter, Manfred / Zacher, Serge
Regelungstechnik für Ingenieure
Analyse, Simulation und Entwurf von Regelkreisen
12., überarb. u. erw. Aufl. 2008. ca. XVI, 493 S. mit 388 Abb. Br. ca. EUR 29,90
ISBN 978-3-8348-0018-3

Unbehauen, Heinz
Regelungstechnik I
Klassische Verfahren zur Analyse und Synthese linearer kontinuierlicher
Regelsysteme, Fuzzy-Regelsysteme
15., verb. Aufl. 2008. ca. XXII, 390 S. mit 205 Abb. u. 25 Tab. (Studium Technik)
Br. ca. EUR 32,90
ISBN 978-3-8348-0497-6

Unbehauen, Heinz
Regelungstechnik II
Zustandsregelungen, digitale und nichtlineare Regelsysteme
9., durchges. u. korr. Aufl. 2007. XIII, 447 S. mit 188 Abb. u. 9 Tab.
(Studium Technik) Br. EUR 34,90
ISBN 978-3-528-83348-0

Zacher, Serge
Übungsbuch Regelungstechnik
Klassische, modell- und wissensbasierte Verfahren
3., überarb. u. erw. Aufl. 2007. XII, 262 S. mit 292 Abb. 99 Aufg. mit Lösg.
und 16 MATLAB-Simulationen (Studium Technik) Br. EUR 24,90
ISBN 978-3-8348-0236-1

**VIEWEG+
TEUBNER**

Abraham-Lincoln-Straße 46
65189 Wiesbaden
Fax 0611.7878-400
www.viewegteubner.de

Stand Januar 2008.
Änderungen vorbehalten.
Erhältlich im Buchhandel oder im Verlag.

Stichwortverzeichnis

Automatisierungstechnik

Schnell, Gerhard / Wiedemann, Bernhard (Hrsg.)

Bussysteme in der Automatisierungs- und Prozesstechnik

Grundlagen, Systeme und Trends der industriellen Kommunikation

7., durchges. u. verb. Aufl. 2008. XII, 414 S. mit 252 Abb. Geb. EUR 44,90

ISBN 978-3-8348-0425-9

Das Fachbuch behandelt die wichtigsten in der Automatisierung eingesetzten Bussysteme. Im Vordergrund stehen die Feldbussysteme, seien es master/slave- oder multimaster-Systeme. Den Netzwerkhierarchien unter CIM und der internationalen Feldbusnormung sind eigene Kapitel gewidmet. Im zweiten Teil werden die verschiedenen Bussysteme ausführlich beschrieben. Die 7. Auflage ist verbessert und aktualisiert. Neu behandelt werden die Industriebusse - Ethercat - Ethernet IP - Sicherheitsbusse - LIN - Installationsbeispiele mit Profibus.

Wellenreuther, Günter / Zastrow, Dieter

Automatisieren mit SPS Theorie und Praxis

Programmierung: IEC 61131-3, STEP 7-Lehrgang, Systematische Lösungsverfahren, Bausteinbibliothek. SPS-Anwendung: Steuerungen, Regelungen, Sicherheit. Kommunikation: AS-i-Bus, PROFIBUS, PROFINET, Ethernet-TCP/IP, Web-Technolgien, OPC

3., überarb. u. erg. Aufl. 2005. XX, 801 S. mit mehr als 800 Abb., 101 Steuerungsbeisp. u. 6 Projektierungen Geb. EUR 36,90

ISBN 978-3-528-23910-7

Das Buch vermittelt die Grundlagen des Lehr- und Studienfachs Automatisierungstechnik hinsichtlich der Programmierung von Automatisierungssystemen und der Kommunikation dieser Geräte über industrielle Bussysteme sowie die Grundlagen der Steuerungssicherheit.

Wellenreuther, Günter / Zastrow, Dieter

Automatisieren mit SPS - Übersichten und Übungsaufgaben

Von Grundverknüpfungen bis Ablaufsteuerungen: STEP7-Programmierung, Lösungsmethoden, Lernaufgaben, Kontrollaufgaben, Lösungen, Beispiele zur Anlagensimulation

3., überarb. u. erg. Aufl. 2007. VIII, 262 S. mit 10 Einführungsbsp., 52 projekthaften Lernaufg., 46 prüf. Kontrollaufg. m. all. Lös. u. vielen Abb. Br. mit CD EUR 23,90

ISBN 978-3-8348-0266-8

Dieses Buch ergänzt das Lehrbuch Automatisieren mit SPS, Theorie und Praxis um den noch fehlenden Übungsteil und enthält knappe Zusammenfassungen der SPS-Programmiergrundlagen zum Nachlesen und unterschiedliche Typen von Übungsaufgaben.

**VIEWEG+
TEUBNER**

Abraham-Lincoln-Straße 46
65189 Wiesbaden
Fax 0611.7878-400
www.viewegteubner.de

Stand Januar 2008.
Änderungen vorbehalten.
Erhältlich im Buchhandel oder im Verlag.

Weiterführende Literatur

[1] Plato, Robert: Numerische Mathematik kompakt, Vieweg+Teubner Verlag 2006

[2] Sauter S. / Schwab C. : Randelementenmethoden, Vieweg+Teubner Verlag 2004

[3] Opfer, Gerhard: Numerische Mathematik für Anfänger, Vieweg+Teubner Verlag 2008

[4] Sanns, W. / Schuchmann, M. : Praktische Numerik mit Mathematica, Vieweg+Teubner Verlag 2001

[5] Steinbach, Olaf: Numeische Näherungsverfahren für elliptische Randwertprobleme, Vieweg+Teubner Verlag 2003

[6] Schwandt, Hartmut: Parallele Numerik, Vieweg+Teubner Verlag 2003

[7] Meister, Andreas: Numerik linearer Gleichungssysteme, Vieweg+Teubner Verlag 2008

[8] Schuppar, Berthold: Elementare Numerische Mathematik, Vieweg+Teubner Verlag 1998

[9] Bossel, Hartmut: Systeme, Dynamik, Simulation, 2004, Books on Demand

[10] Ossimitz, Günther: Entwicklung systemischen Denkens, 2000, Profil Verlag

[11] Blobelt, V. und Lohrmann, E.: Statistische und numerische Methoden der Datenanalyse, Vieweg+Teubner Verlag 1998

[12] Erlenkötter, Helmut: C - Programmieren von Anfang an, 2007, rororo

[13] Prinz, Peter und Crawford, Tony: C in a nutshell, 2005, O'Reilly

[14] Wiedemann, Harald: Numerische Physik, 2004, Springer

[15] Hirsch, M.W. e.a.: Differential Equations, Dynamical Systems, An Introduction to Chaos, 2004, Elsevier

[16] Weber, Hans.J. und Arfken, George B.: Mathematical Methods for Physicists, 2004, Elsevier

[17] Haken, Herrmann: Synergetics, An Introduction, 2003, Springer

[18] Sedgewick, Robert: Algorithms in C, 1998, Addison-Wesley

[19] Grossmann, Stanley: Calculus, 2rd Edition, academic press, 1981

C - Programme und Gnuplot - Skripte